嘉定之味

王克平 编著

中西書局

图书在版编目（CIP）数据

嘉定之味／王克平编著. —上海：中西书局，
2023.7
ISBN 978-7-5475-2123-6

Ⅰ.①嘉…　Ⅱ.①王…　Ⅲ.①饮食—文化—嘉定区
Ⅳ.①TS971.202.513

中国国家版本馆 CIP 数据核字（2023）第 097788 号

封面题签系集钱大昕手迹而成

嘉定之味

王克平　编著

责任编辑	唐少波
特约编辑	徐征伟
封面设计	梁业礼
责任印制	朱人杰

出版发行　上海世纪出版集团
🌀®中西書局（www.zxpress.com.cn）

地　　址	上海市闵行区号景路 159 弄 B 座（邮政编码：201101）
印　　刷	启东市人民印刷有限公司
开　　本	700 毫米×1000 毫米　1/16
印　　张	13.25
字　　数	196 000
版　　次	2023 年 7 月第 1 版　2023 年 7 月第 1 次印刷
书　　号	ISBN 978-7-5475-2123-6/T·018
定　　价	78.00 元

本书如有质量问题,请与承印厂联系。电话：0513-83349365

Contents 目录

西门篇

南翔篇

野逸篇

序

品味嘉定

征伟兄持王克平先生《嘉定之味》初稿，嘱余作序。余有言在先，作为第一读者，仅对与地方文化文史有较大出入处，与作者略作商榷，不置评论。殊不知，读罢书稿，令人掩卷遐想，引发对乡愁和文化的思考。

悠悠万事，以食为大；芸芸众食，以味为先。饮食是人类最基本的生活需要，但在果腹之余，人们还讲究食材、食器和厨艺，讲究礼俗、禁忌和美感等等。由此形成了丰富多元、不断演进的饮食文化，是中华优秀传统文化的重要组成部分，对满足人们对美好生活的向往具有积极作用。嘉定饮食文化中的烹饪技艺、独特风味、乡愁记忆，以及其中闪耀着的智慧之光、蕴含着的文化价值，都值得我们好好品味。

宋人吴惟信是最早描绘嘉定风物的诗人之一，其诗《泊舟祁川》云："片帆屡卷暂停船，东望微茫接巨川。几簇人家烟水外，数声渔唱夕阳边。雁知黍熟呼声下，鸥为沙晴傍母眠。银鲙丝莼今正美，且拼一醉曲江天。"其中提到的肥美的鲙鱼、莼菜，令人口舌生津。

嘉定是江南历史文化名城，长期属苏州府管辖。嘉定下辖的嘉定镇、南翔镇、娄塘镇等地长期受苏州饮食风俗、菜肴面点制作影响，饮食文化同根同源。清人顾禄所撰的《桐桥倚棹录》，记录了清末苏州山塘酒楼饮食业的盛况和170多道菜点，彰显苏帮菜的烹调技法、地方口味。《嘉定之味》中所列传统菜肴大多与《桐桥倚棹录》菜点同源同名，是为苏帮菜系。上海开埠后，经济文化辐射效应日盛，对嘉定的影响逐渐超过苏州。上海本帮菜系融入的甬、绍、粤、川、湘菜系特色，或多或少地影响了嘉定的菜肴，但没有从根本上改变嘉定城乡的菜肴特色。

中华人民共和国成立后，私人餐饮字号逐渐并入国营、集体企业，餐饮服务强调大众化,名贵菜肴难在餐桌寻觅,普通大众仅能在过年、红白喜事中品尝嘉定本土特色风味。1980年代起改革开放,物质大为丰富,西式菜肴兴起,又有人口流动加速,各地菜肴快速涌入,与嘉定本土菜肴平分秋色,老店再难撑起本土菜肴一统天下的格局,新店也不乏直接冠名生猛海鲜、河南烩面、沙县小吃、重庆火锅等。菜肴中增加了海鲜、菌菇,也掺杂了辣、麻等佐料。从此开始,根本上影响了嘉定的传统饮食习惯。城市的味道,在碰撞与冲突、传承与交融的进程中,保持着变与不变,创造出更多的机会和可能。

清程庭鹭绘《金沙夕照》(注:法华塔别名金沙塔:上海翥云艺术博物馆藏)

《嘉定之味》不仅介绍嘉定多地的特色菜肴，还忠实记录嘉定城乡风貌、酒楼饭店、特色餐饮技艺。尤为难得的是，徐征伟、李侗等收藏、拍摄的老照片呈现在读者面前，让读者对嘉定城市变迁、餐饮文化有了更直观的了解，也引导大家去关注饮食背后的时代脉搏和社会发展。

王克平先生对上海科大小食堂、佳露西菜社、食娄塘等历史进行细致描述，也颇有菜肴之外的味道。一所独立大学在一个区域的影响，往往不仅仅是其校区本身，更可贵的是，它是城市特质、城市形象的标志。想当年，嘉定和卢湾饮食服务公司合作创办佳露西菜社，佳露即嘉卢谐音，引入红房子西菜资源，对郊区而言，在西餐尚属高档消费的情况下，其魄力何其伟哉！至于"食娄塘"还是"贼娄塘"，地方将民间糕点申报非遗，也未尝不可，"食"总比"贼"好听。但仅凭非遗糕点技艺影响区域发展，那是远远不够的。真正要重视的，是把娄塘这类古镇"上海历史文化风貌区"的特质保护利用起来，其效应大抵跟上海科大与嘉定的关系不分伯仲。

城市的味道是有灵魂的。《嘉定之味》呈现的不仅仅是菜肴之美，也有传承于唇齿之间的嘉定记忆，还有嘉定这座城市的文化之美、精神之美、特质之美。把形而下的物质生活和形而上的文化精神融合展现，这正是《嘉定之味》的价值所在。

饮食文化源远流长，中华文明博大精深。习近平总书记指出，在新的起点上继续推动文化繁荣、建设文化强国、建设中华民族现代文明，是我们在新时代新的文化使命。我们应当顺应时代趋势，坚定文化自信、担当使命、奋发有为，守正不守旧，尊古不复古，融合创新，共同努力创造属于我们这个时代的新文化，建设中华民族现代文明。在文化建设的进程中，应当有南翔小笼包的精致、江桥羊肉面的特色、佳露西餐的魄力。

是为序。

夏 蕉

2023 年 6 月

导语

食不让人应有我

按照有些人的说法,嘉定传统菜肴因为嘉定的地理位置介于苏州和上海中心城区之间,而成为苏菜与本帮菜的融合体,俗称为"嘉定本帮菜"。导语的标题借用近代嘉定画家郑午昌先生自制印章的章文"画不让人应有我"。郑午昌的绘画主张是"师古法而立我法,才不为古人所囿"。嘉定传统菜肴创造的饮食文明,也同嘉定人的画家女婿郑午昌一般,施展于"有意无意,有法无法"之中,是曾经独立于苏菜与本帮菜之外的一种存在。

嘉定区位于上海西北部,1950 年代起,嘉定被命名为"上海科学卫星城",建县于南宋嘉定十年十二月初九日(1218 年 1 月 7 日),是名副其实的江南历史文化名城,是嘉定孔庙的所在地,有"教化嘉定"的美称。嘉定遗存

1900 年代,嘉定孔庙之龙门桥(明信片)

的古迹现在大都集中在嘉定镇、南翔镇和娄塘镇。嘉定镇的州桥（登龙桥）、法华塔皆始建于宋代，历史悠久。区境内的盐铁塘、横沥、新槎浦（罗蕴河）纵贯南北，与吴淞江、练祁河、浏河相连。千米一湖，百米一林。

据地方志记载，嘉定饮食业的历史比较悠久，清末民初随着人口的聚集和商贸的繁荣，各种饮食店（摊）如雨后春笋散布在全县大小市镇。中华人民共和国成立初嘉定县登记在册的私营饮食店已有182家，饮食摊达到658家。其中知名的饭馆除县城的吴家馆、陆家馆、蔡家馆外，还有南翔的长兴楼、大鸿楼，黄渡的高升馆、得和馆，娄塘的聚顺馆、聚仙馆等。当时仅城厢镇（1980年更名为嘉定镇）就有饮食店（摊）55家，最著名的不下十家饭菜馆，其中吴家馆（店主：吴晋康）的固定资产和流动资金占嘉定镇饮食店（摊）之冠。1940年代嘉定城区著名的饭馆有三家，西门外的蔡家馆、县前口的陆家馆以及东浦桥西堍路北的吴家馆，后两家都在州桥地区。

嘉定镇古称"练祁市"，因练祁河得名，明正德年间易名州桥市，明万历至清康熙年间复称练祁市。州桥老街作为嘉定城区中心，在千步之内汇集了宋、元、明、清历代古塔、旧庙、名园而为国内罕见，可谓"嘉定之根"，这里也是整个嘉定人气最旺盛的老街区。比较起来，嘉定生意最兴隆、声誉最好的饭馆非吴家馆莫属。吴家馆还以制作南翔小笼闻名。虽然南翔小笼由南翔镇日华轩点心老板黄明贤于清同治年所创，但嘉定民间一直有"要吃正宗南翔小笼，得上嘉定吴家馆"之说。可以说吴家馆、陆家馆乃嘉定地方菜的菜系之根，实不为过。观吴家馆、陆家馆的看家菜无非生炒银爪甲鱼、腐乳炝虾、走油蹄髈、虾子油豆腐、松子鳜鱼、炒鳝糊、红烧划水诸道。生炒甲鱼、炝虾和松子鳜鱼都是典型的苏菜。这里特别要说明苏菜的炝虾和其他南方各地炝虾的区别是加了腐乳。走油蹄髈、虾子油豆腐、红烧划水则属于浓油赤酱的本帮菜或徽菜。和炝虾一样，炒鳝糊也是江南各地都有的菜，有说是苏菜，也有说是浙菜。陆家馆的炒鳝糊所宗法的应该是徽菜，和苏菜、浙菜与本帮菜的不同点在于加了鲜辣粉，而非胡椒粉，另外无本帮菜响油鳝糊的"响油"步骤。本帮菜鼻祖德兴馆总店在搬迁至上海城隍庙之前，贴隔壁一直就是海派徽菜的鼻祖——大富贵酒楼，由此可见端倪。其实，本帮菜就是

苏菜、浙菜、徽菜的杂糅产物,自身来历都是不明不白、不清不楚的,若要按照本帮菜的脉络来说清楚所谓的嘉定本帮菜就有点无中生有的意思了。

笔者以为嘉定传统菜肴虽然和本帮菜有关系,却非派生关系。吴家馆、陆家馆、蔡家馆等都堪称百年老店(吴家馆,清末;蔡家馆,民国初年;陆家馆,民国时已有,具体无考),而本帮菜的正式定型是1930—40年代的事情。虽然这些已经作古的老饭店在其发展历程中,多少会受上海经典本帮菜的影响,但笔者以为这样的影响微乎其微,绝对不可能是决定性的。民国早期嘉定与上海之间尚无公路,所谓"江南第一大干道"沪宜公路是1935年通车的,且在抗战时屡遭破坏,两地交通主要是走吴淞江的水路。嘉定人往来太仓、常熟、苏州,可能比往来上海更方便。另外,还有一个讲头,那便是所谓本帮菜三大起源之一的吴淞,以及吴淞在历史上的归属问题。今天上海市的地域范围,16%来源于宋代的嘉定县,宋代嘉定县横贯如今七个区:嘉定、宝山、普陀、静安、虹口、杨浦以及浦东,即古吴淞江以北区域。历史上吴淞归属于宝山,而宝山又归属于嘉定。

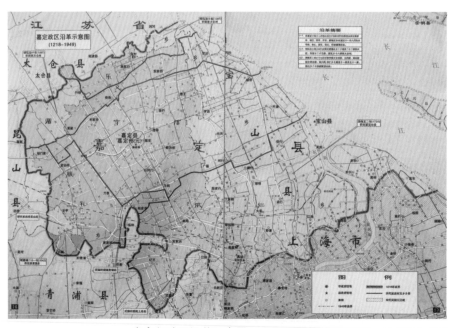

嘉定行政区沿革示意图(1218—1949)

菜系及流派的形成,最初往往是由民间厨师和餐馆联手带动起来的,然后在当地形成一种跟风效应。南宋嘉定立县后,州桥地区一直是嘉定的经济中心、文化中心,是全嘉定最富庶的地区。厨艺的发展是否要以食客为基础?以前的东海之滨是穷乡僻壤,吴淞的民间厨师有何因缘在吴淞这一镇之地独自做大餐饮事业,并形成菜系的基本口味?跟风效应不是让有钱人来跟,而是让但求温饱的农民或渔民来跟吗?

有人说,上海郊区有三个厨师之乡,分别是三林塘镇、川沙镇、吴淞镇。笔者因为不掌握这方面的史料,姑且可以认同这个讲法。但三个厨师之乡,就必然能构成菜系的三大起源吗?不能因为"饭摊帮"的领军人物是川沙人张焕英、吴淞人金阿毛和三林塘人李华春,就把此三镇视为本帮菜的三大源流。离开了经济文化中心的消费者,中国明清两代的江南厨师是不会对美食有任何追求的。至于平民百姓,大多只求饱腹,咸菜过过泡饭足矣。其实,读者诸君不妨自己参详一下各道经典本帮菜菜肴的溯源,看看民国时期的上海,是厨师对餐饮的影响大,还是食客对餐饮的影响大。"虾籽大乌参",发起人是德兴馆厨师,还是义昌海味行老板?"青鱼秃肺",发起人是老正兴厨师,还是杨庆和银楼小老板?"上海红烧肉",发起人是张姓厨师,还是银行行长?笔者以为,是本帮菜这个名称起得极为不恰当,才造成目前各种概念上的混乱。在上海,本地人一般是泛上海县(主要包含老城厢、浦西近郊、浦东三大板块)范围内世居当地的原住民的自称。本帮菜的"本"来自本地人这个称谓。但是本帮菜作为一个菜系的起源却是十里洋场的上海滩,是晚之又晚的"传统",本地人只是厨师队伍的主要来源,他们做菜的依据并非乡土菜的"老底子"味道,而是对全国各地的菜肴风味进行融合,以调和当时来自五湖四海的谋生、创业者的口味。三林塘、川沙、吴淞三地乡土菜对本帮菜的贡献远不如苏菜、浙菜和徽菜。本帮菜的历史不满百年,早期老正兴、德兴馆和荣顺馆(上海老饭店)都是苏菜馆。

本帮菜以"浓油赤酱"的红烧菜为基本特征。据说是吴淞厨师第一个把红烧鲳鱼做成了本帮红烧菜式中"无可争议的头道工夫菜",创造出了"两笃

三焖,三次补油""复合红烧"和"自来芡"技法。所谓自来芡就是通过菜品本身的胶原蛋白,凝固形成自己的芡汁紧紧地包裹在食材上。"自来芡"是否由吴淞厨师创制根本无可考证,另外这样的考证也毫无意义。不能因为"自来芡"由吴淞厨师创制,吴淞在历史上属于嘉定,来得出部分或全部本帮菜源于嘉定的结论。更何况在上海开埠之前的几百年中,历史上的嘉定厨师恐怕早就在使用"自来芡"技法做菜,只是他们不知道这种似有似无的技法,后来会被本帮菜研究者们称为"自来芡"。另外,以"浓油赤酱"红烧菜为基本特征的还有徽菜,徽菜的历史悠久程度远远高于本帮菜吧?顺便提一句,本帮菜研究者们所说的无可争议都是有一定范围的,通常仅限于一个亭子间内,甚至连一条弄堂也不一定出得去。

本帮菜研究者们在烹饪用词上的另外一个发明,是对调味进行拆分,因为他们认为本帮菜以"咸鲜底、复合味"见长,所以用葱、姜、黄酒、米醋、白糖等有助于咸鲜味更丰满的调味构成了菜肴的主味型,而酱、酱油等调味料控制在"似有似无"的地步,成了"矫正味"。而"矫正味"是供各流派、各餐馆、各大厨做文章的地方。

1930 年代的上海外滩(右侧为 1924 年建成的欧战纪念碑,1941 年被日寇破坏)

大家可以设想一下,150 年前,掌握了"自来芡""矫正味"技法的身处嘉定东海之滨的厨师如果要选择大码头投靠,是否首选富庶的嘉定中心城区?

彼时，上海租界倒已经形成，但对洋人毫无认知的外乡厨师敢来上海安身立命吗？有人说，"红烧鮰鱼"自来芡的做法没有这么早，而是吴淞镇上建于1937年的永兴酒菜馆首先推出的。此说缺乏证据。笔者以为，没有什么吴淞菜，即便有也是嘉定菜的一个分支；另外，嘉定菜和本帮菜亦没有"血缘关系"，即便有也是"父子关系"或"祖孙关系"。1958年之前，嘉定属于江苏省，上海人也从未把嘉定人称为本地人，哪来的嘉定本帮菜？！

嘉定传统菜肴在历史上一定有过一段独立的发展历程，受"新生"的本帮菜影响只能是1930年代以后的事情了，因为在这个时间点之前本帮菜自身都还未形成，饮食文化的融合尚处于初始阶段。而1930、40年代整个中国都处于战争时期，1950年代所有饭店餐馆都在经历转制，1960年代不少中国人都吃不饱肚子，1970年代厨师对写"大字报"的热情或许高于对开发菜肴的热情……多事之秋，嘉定本地菜肴能受上海中心城区多少影响呢？饮食具有极强的顽固性，所有传统皆非一蹴而就的，即使嘉定菜在嘉定县被划归上海市后受了本帮菜的些许影响，也不能把嘉定菜称为嘉定本帮菜。

传统嘉定菜一定不是自本帮菜而来的，时间和地理都合不上，却有可能是苏菜和徽菜的结合体，并在口味上形成嘉定的特殊性。要寻找特殊的"嘉定之味"，不妨依照本帮菜研究者的思路，来探究嘉定传统菜的"复合味"，而要探究"复合味"，不妨来了解一下嘉定传统菜的"矫正味"之源。

笔者以为嘉定传统菜肴的"矫正味"有三大来源：一、嘉定镇州桥地区文玉和酱园的卫生酱油（晒油）和陈酒；二、嘉定镇西门地区黄晖吉酱园的"飞鹰牌"酱油和"飞碟牌"白玫瑰酒；三、原产于南翔镇后被移植到嘉定镇嘉定酿造厂的郁金香酒。旧时嘉定的许多饭店虽然都有着和上海经典本帮菜类同的菜，甚至菜名也完全一样，但这并不能说明嘉定传统菜和本帮菜之间存在什么必然的联系。几乎一大半以上的本帮菜菜名都是取自苏菜、浙菜、徽菜甚至粤菜等其他菜系和流派的。比如"红烧鮰鱼"的名称可能取自湖北菜，"糖醋小排"的名称可能取自浙菜，"八宝鸭"的名称则取自苏菜。名称虽然相同，制法可以不同。特别是红烧类菜肴，只要酱、酱

油、黄酒和制作的方法有区别,成菜的味道就天差地别。因为"矫正味"的不同,大部分嘉定传统菜虽然在名称上和苏菜、徽菜、本帮菜相同,但在味道上却有着巨大差别。只是可惜这三大"矫正味"来源,因为历史的变迁,现在实际上已不复存在。其中,郁金香酒虽然在政府的关怀下被列入上海市非物质文化遗产,目前在嘉定环城北路的一个小院子里售卖,影响寥寥,但即便如此,"再生"的郁金香酒依然醇香、甘甜、清雅。不要说用在中式菜肴中,就是用在面包西点中,也有奇效。2022年下半年,位于嘉定镇的上海市大众工业学校尝试开发传统中式调味料在烘焙制品中的应用,想到通常用来浸泡葡萄干的朗姆酒或许可以用本地产的郁金香酒来替代,于是,该校中西面点专业带头教师陈凤琴研制了一款混有郁金香酒和南乳汁的贝果。成品的口味可用"惊艳"一词来形容,南乳、郁金香酒和葡萄干复合成的馅心用在贝果中,其美味程度竟远胜于咸芝士夹心的贝果。"再生"的嘉定传统"矫正味"有如此效果,不免令人对嘉定酿造厂或文玉和酱园与黄晖吉酱园的涅槃重生萌发期待!

王克平

2022 年 12 月

州桥老街（徐征伟摄）

州
桥
篇

州桥絮语

　　州桥老街坐落在嘉定古镇中心,是古镇最繁华、最热闹的地方。这里河道纵横,水系发达,是嘉定历史文化的发祥地。在这千步之内,汇聚了宋、元、明、清历代古塔、石街、老桥、旧庙、名园等古迹,人文浩荡,底蕴深厚。州桥老街的景点以一塔、二河、三街、四桥为特色,一塔就是法华塔了,二河指南北走向的横沥河与东西走向的练祁河,三街是南大街、城中街和北大街,四桥包括济川桥、宝庆桥(俗名东浦桥,讹称东坡桥)、德富桥和州桥。州桥老街的得名,就是连接南大街和城中街、横跨练祁河的那座建于南宋淳祐五年(1245)的登龙桥(州桥)。站在桥上,近可仰看嘉定地标法华塔的雄姿,远可眺望孔庙大成殿的金顶。嘉定建县之初,从州桥北边的县衙门到南大街

法华塔(李琦摄)

上的孔庙,未建造登龙桥,老大不便,要绕道西面的孩儿桥(小囡桥)才能越过练祁河。况且,南城一大片地区的官民到县署办事也颇有不便。因此,淳祐四年(1244)嘉定第十四任知县王选在到任的第二年就建造了登龙桥。元代时,嘉定县升州,故名州桥,县志中认定这就是"州桥老街"的名字来源。"一塔、二河、三街、四桥"的江南水乡景致构成了嘉定人所称的"州桥头"。县志载明张恒《法华塔歌》诗云,"登龙桥南法华塔,一级犹存万廛匝。香火消为肆市尘,喧嚣何处安缁衲",充分说明了当时州桥街市的繁华。

顺便说一下,"头"是嘉定方言的后缀,可表示时间、地点、方位的约指。表示时间的如"早晨头""黄昏头";在地名中表示地点、方位的如称州桥附近地域为"州桥头";南翔天恩桥一带,称为"大桥头",因天恩桥高大,被邑人习称为"大桥"。

州桥(徐征伟摄)

笔者认为以上关于州桥的得名或许是嘉定县志不得已的说法。元代时嘉定升州,登龙桥就应该跟着升为州桥吗?原来可是"龙",改名为"州",升

耶,降耶? 州桥的名称很可能源于元代时嘉定人强烈的民族自尊心和对前朝的缅怀。"州桥南北是天街,父老年年等驾回。忍泪失声询使者,几时真有六军来?"宋范成大《州桥》诗中的"州桥",是汴京城的州桥,诗中的州桥南北天街指的是当年北宋皇帝车驾行经的御道。南渡之后,嘉定人等来的不是去收复汴州的六军,而是蒙元铁蹄! 嘉定州桥的得名也许和嘉定人的硬气有关系,这种硬气来自"教化",而非好勇斗狠。州桥南北街,是指当年北宋皇帝车驾行经的御道。南宋末年,嘉定龚氏家族中的龚昱眼见国运衰微,元军势如破竹,直逼江南,便告诫自己的子孙:"家世宋臣,慎勿仕,以惕惨祸。"明万历《嘉定县志·选举考》中也有类似之说:"时邑人不乐仕进,九十年中无通籍者。"有元一代,"教化嘉定"的嘉定人竟然无一人金榜题名!

"州桥头"漫长的历史岁月,不仅留下了南宋至民国各时期的宝贵文化遗产,还造就了繁华的商业区。明清两朝,由于商业的辐射,嘉定东门、南门相继出现了花行、木行、孵坊、布坊等市场,形成"嘉定百里而邑,市镇星罗,物力之赢,舟车之所辖,远近赖焉"的兴旺繁荣局面,清光绪三十一年(1905)嘉定成立了商会。至民国元年(1912)时,县内共有商铺2500余家。①

有清一代,经过长年累月苦心经营,州桥地区不少商号创出了自己的品牌。清乾隆年间开设在东大街的文玉酱园其生产的人参萝卜、文玉酱瓜名闻遐迩;清朝百年老店"隆昌义南货店"自制的"朝板糕""芙蓉糕",为嘉定人喜爱;还有"居家米行"等都是邑人皆知的店铺。

过去老嘉定人大多听过或知道的文玉酱园,其实只是个简称,真正的门店招牌应该是"文玉和酱园",1950年代公私合营后改为"嘉定酿造厂"。

文玉和酱园的历史可以追溯到清乾隆年代。据史料记载,乾隆年间嘉定人周文玉,于县城东大街城隍庙东侧开设文玉和酱园。1930—40年代的文玉和酱园,已发展成为嘉定地区规模最大、历史最悠久、民众最信赖的酱园。它坐落于城隍庙东大约百米处,坐北朝南双开间门面,店后的制酱场向北一直延伸到清镜塘边,制酱场与西面的启良学校仅一弄之隔。店东三四十

---

① 参见《嘉定:用脚步丈量老街每一个故事》,《解放日报》2017年8月14日。

1950 年代,法华塔(徐征伟供图)

米处的杨皇庙对面、练祁河北岸有一座大水桥,是酱园进出货物的运输码头。

文玉和酱园经营油盐酱酒醋等几乎所有的传统调味品,其自制的卫生酱油(晒油)、陈酒、酱黄瓜、酱萝卜(人参萝卜)、腐乳是它最出名的产品。

文玉和生产的卫生酱油,又称晒油,选用的原料是颗粒饱满的东北大连大豆。关于制酱用的井水还有一段传奇故事:清末,酱园购进了一批私盐,官方来店缉私,店里人急中生智,将私盐投入井中,事后井中之水常年保持咸中带鲜,故酿制的酱油色、香、味俱佳。这恐怕只是一个传说而已,经不起仔细推敲。真正能制作出上好卫生酱油的原因,除了用顶级的原料、清澈的清镜塘水外,最关键的应是有一个掌控制酱工艺的行家里手,且制作技艺师徒世代相传。

值得一提的是,这里制作酱油的每道工序也十分讲究。以酱油颜色举例来说,酱色是用饴糖经过长时间熬制而成的。每当熬制酱色时,其焦香味飘至数里之外,整个东门街上都能闻到。因为酿造一批酱油,要经历一年以上才算晒制成功,故嘉定人将卫生酱油称为晒油,也是名副其实的。

在当时,文玉和卫生酱油是嘉定城里人到乡下走亲访友时非常受人欢迎的礼物,因为即便是相对自给自足的农村,酱油还是得上城里的酱园购买。嘉定城中的城里人去乡下走亲戚,随身携带的礼物就是用稻草绳包扎、一扎四瓶的文玉和卫生酱油,以及在隆昌义南货店购买的、用竹篾篓和纸简单包装的一二斤鸡蛋糕。

1983 年,临水老街(《嘉定城乡建设》)

文玉和酱园另一样比较出名的产品,便是陈酒,也就是黄酒。这酒是以无锡、常熟、丹阳一带的糯米酿制而成的,用的水则是晒酱场北的清镜塘之水。因清镜塘清澈、纯净,所以酿制出来的陈酒酒质纯净、口感醇和。现在的人或许不信,那时的清镜塘确实如其名一般清如明镜。因为清镜塘虽与入海的横沥河相交却不通航,所以一直保持着原生态的水质,水面上漂着水草浮萍,水底下鱼虾可见。

文玉酱萝卜和文玉酱瓜是当时深受乡人欢迎的酱菜。酱萝卜又称人参萝卜,是冬令酱菜,所用原料为产自黄渡、纪王等地的萝卜。这种萝卜无花心、无辣味,用多年陈酱腌制,成品表面还会撒有些许五香粉,食之味香质脆,有健胃舒气、助消化、去油腻的功效。

而文玉酱瓜选用的原料,是每年端午前后从江苏太仓等地选购来的细长少籽的嫩黄瓜。一般先用盐初腌,然后用上等甜酱经过五六次反复腌制而成。乡人最喜爱将其当吃粥小菜,有时也会用酱瓜炒毛豆,吃起来脆、嫩、鲜、咸,十分独特。这两样酱菜物美价廉,许多人家一买就是十几、二十斤,回家把其晒至半干,再用适量白糖腌制后,放入陶瓷罐或者广口玻璃瓶内,可保存很长一段时间。①

州桥地区东浦桥桥堍的"吴家馆"由南翔镇人吴晋康创办。他的父辈是吃"油水饭"的(嘉定俗语,即餐饮业),对经营饭店颇有心得,吴晋康悉数学得经营之道。

"张恒记"营造厂老板张凤翔,当时在嘉定很有名望。为求立足嘉定城餐饮界,吴晋康拜其为干爹。攀这门"亲"着实有两大优势:一则营造厂离吴家馆近,麾下的200多号职工就是现成的客源;二则张凤翔是城中名人,拜他为干爹,就等于有个靠山,饭店的"各路打点"自然方便。

吴晋康经营饭馆抓住顾客心理,让利顾客,薄利多销。首先从每天早市一碗面着手,大堂里的"堂倌"会不停地吆喝:"唷么来哉!两位老客人啊!

① 嘉定酱园之历史叙述参见杨培怡《曾经这里生产的酱油,是走亲访友广受欢迎的礼物》,https://sghexport.shobserver.com/html/baijiahao/2021/07/04/477606.html.

1982 年 8 月,州桥老街(李侗摄)

噢！要二碗宽汤、重香头(葱、蒜多加),还要重油水啊!"客人的口味、习惯了然于心,自然就赢得"回头"生意。每逢吃羊肉面季节,吴家馆总是顾客盈门,店家保质保量供货。吴家馆进货肉羊一定选江桥农家自养的湖羊,不带腥味。一碗羊肉面汤浓味厚,还可加入野荠菜猪肉馅馄饨佐餐。

吴家馆做熟食,总是精益求精。酒席上一道点心"八宝饭",不但重油,豆沙还沥去豆壳,内外层层有蜜枣、桂圆肉、莲心、瓜仁以及红绿爪丝点缀,一碗"八宝饭"端上桌,光看着已是食欲大增。吴晋康经常对员工说:"我们饮食行业,只要一个疏忽,就会失去顾客,所以一定要讲质量,马虎不得。"

吴家馆几十年来经营的名菜"走油蹄髈",浓油赤酱,颜色鲜美,吃口上乘,绝不逊色于周庄古镇的"万三蹄"。还有一道"松子鱖鱼",入口即有清香感。1950 年代在吴家馆办婚宴,每桌酒席的价格大约在人民币 25 元到 30 元之间。"油水"十足的一桌菜,吃得宾客大呼过瘾。即使是节日,价格依旧不变。

距吴家馆往西百步之遥,城中街上还有家陆家馆,靠包饭作(用餐加工)

发家。由于两家饭店相邻仅百步之遥,免不了同业竞争,顾客从中得到了不少实惠。如吴家馆供应的肥羊大面里有红枣 8 颗,陆家馆就每碗面里放 10 颗红枣,一度你方唱罢我登场,十分"热闹"。

《包饭作》(贺友直绘)

后来,店里还专门聘请了一位先生负责经营管理,直到 1950 年代公私合营,吴先生自感经营已"有心无力",只能放下经营了半个多世纪的吴家馆,去享天伦之乐了。①

---

① 以上参见周其确《传承饮食文化的"吴家馆"》,《嘉定报》2009 年 12 月 28 日。

　　现在,无论是吴家馆、陆家馆还是复兴馆,还是文玉和酱园,早已成为过眼云烟。不用说这些老字号的传人,即便是有菜点品名的菜单,但它们的照片或图片也均未留下。下图和下一页的图为1980年代的吴家馆旧址风貌与如今凤巢酒家的近照。凤巢和吴家馆,这两家店虽然开在同一个地方,但至少在表面上看不出有什么直接关系。虽然,凤巢并非没有来历,"种下梧桐树,自有凤凰来"嘛!

吴家馆旧址(李侗摄于1989年)

　　嘉定区档案馆保留的更名记录如下:城中合作饭店更名的批复(嘉定凤巢酒家),时间1987年4月29日,题名协议书(上海嘉定县房地产管理所、嘉定县饮食服务公司城中合作饭店)档号25-1-128-72,记录地址位于嘉定镇城中街2号。

　　1980年代的一半时间笔者寓居嘉定城中,印象中并无城中合作饭店。而根据地方志等资料,城中合作饭店的厨师人马于1960年代初全部打散转入"迎园"和"嘉宾"。所以笔者初始判断,这个城中合作饭店很可能只是公私合营政策后形成的一个过渡性"空壳",从1950年代一直存续到1980年

凤巢酒家（2022 年秋）

代,期间并无任何经营活动。1987 年嘉定县饮食服务公司将此一"空壳"连带吴家馆旧址一起转让给凤巢酒家,是何背景不必也无须探讨,但今日之嘉定人竟然将身世不明的、自称百年老店的凤巢酒家视为嘉定镇最古老的饭店,难道不是对饮食历史文化的无知吗?

那么问题来了,既然城中合作饭店从 1950 年代到 1980 年代一直没有正式的经营活动,处于州桥老街中心的旧时吴家馆店铺是被闲置,还是被拆除,还是被挪为他用了?据老嘉定人的回忆,虽然嘉宾饭店和迎园饭店都有政府背景,级别比较高,但嘉定规模最大的饭店,还得数位于州桥老街上、与杂货店对街的州桥饭店(位于东浦桥西埭路南)。印象中,两层楼的州桥饭店就像一家早市面馆,市民讲究的大致就是面的浇头,如八宝鸭、水晶虾仁、松子鳜鱼等菜品,因为那年头普通人除了早市,一般情况下是不会上馆子的。如果老嘉定人的回忆正确,笔者深刻怀疑这家州桥饭店和吴家馆是有某种渊源的,否则绝对不可能供应八宝鸭、水晶虾仁、松子鳜鱼这类顶尖名菜作为面的浇头。会不会城中合作饭店是对内的名称,州桥饭店是对外的称呼,类似嘉宾饭店和迎园饭店?另外,城中合作饭店接手吴家馆和其他私营餐馆之后,是否并未把吴家馆所有厨师及从业人员发往"迎园"和"嘉宾",

而是保留了一部分在州桥饭店？州桥饭店又是几时开业,几时关张的？最近,笔者从收藏市场获得一枚 1968 年"合营州桥饭店"的老发票,如图所示。

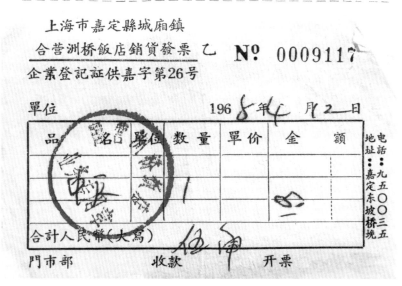

笔者收藏的 1968 年"合营州桥饭店"老发票

发票是简繁混排的,赫然印有"地址:嘉定东坡(东埔)桥堍"。从简繁混排这一点,可以断定发票的印刷时间在 1964 年国家全面实行简体字之前。从印刷的"合营州桥饭店"和盖章的"国营州桥饭店"上,可以判断这是一家由合营企业成功转制为社会主义全民所有制的企业,只不过为了厉行节约,仍然在 1968 年时使用 1960 年代初印制的发票。但合营的私方是哪一方,是否吴家馆老板吴晋康？遍查档案无果。

令笔者倍感疑惑的是,"嘉定县饮食服务公司城中合作饭店"于 1980 年代中后期国有企业的"关停并转"风潮中是否带上了"国营州桥饭店"这个品牌一起转给了凤巢酒家？如果转让的仅仅只是"城中合作饭店","州桥饭店"这个具有极大无形资产、响当当的名号日后是否仍有可能作为国有企业恢复经营呢？

吴家馆—城中合作饭店—州桥饭店—凤巢酒家,看似都在同一个地方,但却并非一脉相承,不免令人浮想联翩。

一、生炒银爪甲鱼(吴家馆)

秋霞圃是江南著名的古典园林,由三座私家园林和城隍庙合并而成,园内建筑大多建于明代。其主体部分原为龚氏园,肇始于明弘治十五年(1502),是当时病居在家的浙江右参政龚弘所建的私人花园;而城隍庙则可以上溯至宋代,是上海地区最古老的园林之一。秋霞圃分为四个景区:桃花潭景区的池上草堂,有"一堂静对移时久,胜似西湖十里长"的赞誉。堂南的一副对联:"池上春光早,丽日迟迟,天朗气清,惠风和畅;草堂霜气晴,秋风飒飒,水流花放,疏雨相过。"此联将秋霞圃春秋两季景色描绘得淋漓尽致。桃花潭东侧的凝霞阁,是园中景色最佳处。

相传秋霞圃清镜塘内的银爪甲鱼味道特别鲜美,不知怎么传到乾隆皇帝的耳边,命人到嘉定的秋霞圃捕捉进贡,乾隆品尝后,赞不绝口,秋霞圃清镜塘内的银爪甲鱼从此出名。清末民初时,江南各地老百姓几乎在所有传奇类文章中都喜欢扯上乾隆皇帝,读者诸君不必以此为依据。

按现今的说法,所谓银爪,其实就是白爪,而白爪则意味着甲鱼是人工养殖的,而非野生的。野生甲鱼需要在野外觅食,经常会外出活动,所以它们的爪子会因为运动而磨损,爪尖且黄。养殖的甲鱼是人工投食,有惰性,吃了睡睡了吃,不大爱运动,因此爪子缺乏锻炼,短小且白。人们通常以为野生甲鱼的口味远在养殖甲鱼之上,但其实不然。甲鱼的肉味品质取决于它的生长环境。

秋霞圃的前身称"龚氏园"。明朝正德十六年(1521),年逾古稀的龚弘以工部尚书致仕,历尽宦海波澜,回到温馨的故土,归隐前已构筑晚年栖所龚氏园。龚弘曾在嘉定赋闲隐居十三年,朝廷多次召他复官,他均婉拒。乡贤侯峒曾先生称他"身历六朝,治行为天下第一""终身介洁,守郡六载,病且死囊无十金""善为篇什,著述甚多,而不以文名"。笔者觉得侯先生的这番

秋霞圃门楹（王晓珺摄）

恭维有偷梁换柱之嫌，"囊无十金"的真正原因可能是造园所费甚巨。龚弘虽然清廉，却并不节俭。龚弘于弘治、正德、嘉靖三朝为官，所获恩赏甚多，自然要有个去处，置业造园（今谓投资房地产）当然是最好的选择。

龚弘像（清程祖庆《练川名人画像》）

龚弘是位治水高手，他长期与水打交道，熟识水的习性，个性中自然多了几分水的淡泊、宁静和睿智。正德皇帝也深知其人，称他为"智者乐水"。他营建的这个规模在"十亩之间"的园址就选在嘉定东城，前有练祁河，后有清镜塘。创园之初，龚氏园并不华美。龚弘玄孙龚锡爵在《大司空蒲川公遗事》一文中称，龚氏园约在十亩之间，建筑简陋，仅"白门土垣而已"，只是一所普通的宅第。

龚氏园同当时的其他江南私家园林一样，建成后逐年添建一些景物。但人事有代谢兴废，龚弘逝世后，到其孙子龚可学时，龚氏家族开始衰败，又逢时局变化，不得已将龚氏园售给汪姓徽商。后来，龚可学之子龚锡爵考中秀才，乡试缺乏路费，向汪姓徽商要求添价。商人说："价不可加添。秀才若中举，我无偿奉还园子。"后龚锡爵果然中举人，汪氏也不食言，果真将龚氏园归还。万历年间，龚锡爵又中进士，官至广西右布政使，为官清廉干练，颇有政绩，龚氏家族再度兴盛。在致仕回乡后，龚锡爵将龚氏园修葺一新，增加了丛桂轩、浴德堂等建筑，形成规模，大放异彩，成为江南一座著名的文人园。诗人程嘉燧、画家李流芳、书法家娄坚、金石家宋珏、学者马元调，常在这里吟咏、泼墨、品茗。"园林之宴无虚日"，龚氏园成为嘉定文人墨客的艺术沙龙。明清易代之际，龚氏后裔参加侯峒曾、黄淳耀领导的抗清斗争，有12人壮烈殉节，龚氏园随龚氏家族一起衰落。

清代顺治年间,龚氏园再次易主于汪氏,更名为"秋霞圃"。这个富于诗意的园名,出自王勃名篇《滕王阁序》中的"落霞与孤鹜齐飞,秋水共长天一色"。至康熙年间,秋霞圃内辟有桃花潭、池上草堂、数雨斋、岁寒径、松风岭、寒香室等数十处景点,"木石亭馆极一时之胜"(宋琬《集秋霞圃》)。

雍正四年(1726),汪氏衰落,秋霞圃改属城隍庙后园,沾染了更多的人间烟火气。这里曾是演戏的剧场,盛极一时,有"日日城隍庙"之称。①

1950 年代,秋霞圃山光潭影馆(上海翥云艺术博物馆藏)

笔者窃以为,清镜塘养殖的银爪甲鱼应该是在乾嘉之后才成为世人口中美餐的,于池中捉一只甲鱼上来切块清炒之,似乎不太符合程嘉燧、李流

① 参见陶继明《这座上海名园有一个富于诗意的园名,出自王勃的名篇》,《解放日报》2022 年 9 月 18 日。

芳这些"嘉定先生"的风格。

　　清代袁枚《随园食单·水族无鳞单》记录的"生炒甲鱼"制法是：将甲鱼去骨，用麻油炮炒之，加秋油一杯、鸡汁一杯。"秋油"者，古人谓，自立秋之日起，夜露天降，此时深秋第一抽之酱油才可称为"秋油"。甲鱼用其调和最佳。袁枚为乾嘉时期"性灵派"代表人物，活得潇洒，吃得讲究。据传，吴家馆的生炒银爪甲鱼取袁枚之法，将甲鱼去掉骨头，用麻油爆炒，加少许晒油和鸡汁。

生炒银爪甲鱼

二、烧酒炝活虾(吴家馆)

"炝虾"又名"醉虾",是旧时吴家馆的一道风味菜。其以活河虾为原料,加以烧酒、胡椒粉、姜末、糖、盐、晒油、醋、腐乳等调料"生炝"。后来由于嘉定的河、湖之水被污染的关系,加上老字号改制后新店制作得粗疏马虎,常有人因吃"炝虾"而引发肠胃等方面疾病,因此嘉定卫生部门早在多年前就对"炝虾"进行了"封杀"。

吴家馆以烧酒炝活虾,是酒醉而不待其死,将活虾盛于大盘中,上覆大碗,上桌揭碗,虾蹦得满桌,客人捉而食之。据传,吴家馆"烧酒炝活虾"的味道很是奇妙:麻辣酸咸甜俱全。又由于虾肉几乎是生的,所以又格外的鲜嫩,吃到嘴里,还有甜腻腻的感觉。

烧酒炝活虾

不过岂止吴家馆有"炝虾"？又岂止近代嘉定才有"炝虾"。

据唐代刘恂著的《岭表录异》记载："南人多买虾之细者，生切绰菜、兰香蓼等，用浓酱醋先泼活虾，盖以生菜，以热釜覆其上；就口跑出、亦有跳出醋碟者，谓之'虾生'。鄙俚重之，以为异馔也。"可见，早在一千多年前的江南和岭南，我国就有"炝虾"了，并且被普通老百姓（鄙俚）当成"异馔"。到了宋代，临安（杭州）的市场上也有"炝虾"出售。及至清代，朱彝尊的《食宪鸿秘》及顾仲的《养小录》中仍收有"醉虾"。制法如下："鲜虾拣净，入瓶，椒、姜末拌匀，用好酒炖滚泼过。食时加盐、酱。"（《食宪鸿秘》）可见，我国食"炝虾"之风是千年而不断的。

近年来，因为疫情原因大家都不敢吃"炝虾"了。不过，即使疫情被彻底扑灭，人们可以在水质较好的湖中取活虾，并采取必要的灭菌措施，这道过于生猛的菜肴是否就有复出为今人服务的必要性？把意图逃生的河虾从桌上抓起来装进嘴里生吞下去是否符合"教化嘉定"的古风？还是值得嘉定人从长计议的。

三、走油蹄髈（吴家馆）

　　走油蹄髈在很多菜系的菜肴中都是一道大菜，绝非仅属于"上海老八样"。所谓走油就是一种将食材，放入热油锅中处理的方法。适合处理较大的肉块，比如方肉、蹄髈。把煮熟的大肉块，放进快火滚热的油锅中，盖紧锅盖直到食材熟透。然后捞出食材，泡入冷水中，直到表面起皱为止。用走油的方式处理过的食材，有两个好处：一是降低了肥肉的脂肪含量，二是油炸后的猪肉，味道更香。

　　走油蹄髈是吴家馆的招牌菜。过去，普通嘉定人想吃到走油蹄髈，非得是婚丧嫁娶这种大场合才行。吴家馆的走油蹄髈皮起皱纹，形如绉纱，食时不粘牙，不腻口，味鲜香，肉质酥软。

走油蹄髈

作为吴家馆的经典菜式,这道走油蹄髈,很多餐馆都能做,但有好坏区别,一看选料,二看火候。真正要做到美味,首先要在选料方面把好关,选品质有保障的猪蹄和调味料,是做出美味的前提条件;其次,火候的掌握相当重要,这具体体现在炸和炖两方面——炸的时候务求将脂肪尽量多地炸去,所谓"走油",就是这个意思;另外,炖的时候要有耐心,要将肉从里到外都烧酥,如此才能入味。

对吴家馆走油蹄髈之鲜香味贡献最大的当属梅山猪。梅山土猪是嘉定的特产,猪肉色泽鲜红,肥瘦适度,营养丰富,肉质上乘。烹饪后肉质细腻,香浓四溢,令人回味无穷。嘉定梅山猪是国家农产品地理标志保护产品。

据明嘉靖三十六年(1557)《嘉定县志》记载,每岁土物之贡,其中就有贡猪。说明嘉定早在四百多年前已饲养梅山猪。经过千百年的选育,逐步育成了嘉定梅山猪这一优良地方猪种。然而,由于其出肉率低、饲养周期长、成本高再加上受外来猪种的冲击,1980 年代后期这一中华"国宝"渐渐淡出了市场。

梅山猪

四、虾籽油豆腐（吴家馆）

吴家馆的招牌菜虾籽油豆腐就像是号称本帮第一菜"虾籽大乌参"的嘉定版。

虾籽大乌参定型于淞沪抗战之后。1937年淞沪会战之后，中国军队南撤，上海市内的公共租界和法租界沦为"孤岛"。当时，南市十六铺经营海味的商号生意冷清，销往港澳及东南亚的一大批乌参积压。那些海味经营者为了在上海打开海参的销路，邀请德兴馆本帮名厨杨和生等将干海参做成上海人爱吃的菜肴。杨和生考虑到海参虽有营养但鲜味不足，故改用鲜味浓厚的干虾籽作配料，做成虾籽大乌参，使海参的口味更鲜。虾籽大乌参这道菜虽然由本帮菜鼻祖德兴馆创制，但追根溯源，也许真还要"拜侵略者所赐"，否则上海人是绝对不会将海参这种原料开发为本帮第一菜的。

至于先有"虾籽油豆腐"，还是先有"虾籽大乌参"就不得而知了。就此一道菜而言，笔者倒是愿意相信吴家馆虾籽油豆腐的创意取自德兴馆的虾籽大乌参，因为它也是一道标准的"抗战菜"，而且和虾籽大乌参相比更接地气。

民国时期的嘉定地处东海之滨，近长江出海口，为兵家必争之地，历来饱受战火困扰。1932年及1937年日寇先后两次侵略上海，由于特殊的地理位置，这两次规模空前的淞沪抗战中，嘉定均是主战场。日寇在嘉定烧杀抢掠，乃至长期占领，嘉定生灵涂炭，蒙受了巨大的损失。"八·一三"期间，日机多次轰炸县城、南翔等地。仅8月23日一天，城内就投弹20余枚。两次抗战时，吴家馆均遭轰炸。不过，抗战胜利后到公私合营期间，生意可谓兴隆。

日据时期，日寇对嘉定实行"清乡"政策。南起京沪铁路、北至浏河、西

1932年嘉定沦陷时期,日寇在嘉定城西门外练祁河上巡逻(徐征伟供图)

至顾浦河内的区域均划为封控区。封控区内的米价比线外高出几倍,嘉定老百姓连饭也没有吃,就不要说上饭馆吃饭了。吴家馆在这段时期应该处于静默期,对烹饪业毫无贡献。值得一提的是,1936年,嘉定镇人民竟然在食难果腹的情况下雕刻竖立了石童子纪念碑,嘉定人可杀不可辱的硬气自"嘉定三屠"后再次显现。石童子为明朝时嘉定的无名抗倭小英雄。石碑上有这样一段文字:"夫童子无守土之责,使其畏而不呼,即城陷于寇,亦无人归咎于彼也。乃激于忠愤,不肯默然而遁,身虽不保,而城得全。以视夫手握兵符、身负重任而弃城先逃、不顾人民之遭毒戮者,其贤与不肖奚啻霄壤哉?"①

抗战胜利之后,可能是为响应德兴馆的本帮第一菜"虾籽大乌参",吴家馆适时推出新菜"虾籽油豆腐"。大战之后,百业待兴,嘉定老百姓要缩紧裤

---

① 参见胡雷平《石童子》,《嘉定报》2000年6月1日。

带过日子,只求鲜味,不求软糯,似乎在立意上要比"虾籽大乌参"高出一层。

鱼米之乡的嘉定,境内河网密布、水域面积广大,盛产多种水产品。河虾即为其中之一,而河虾籽乃是取自于河虾的一种精品食材。虾籽又叫虾蛋,是虾卵的干制品,每年夏秋季节为虾籽加工时期;虾籽及其制品均可做调味品,味道极鲜美,富含蛋白质,且有一定的医疗作用。清代药物学家赵学敏《本草纲目拾遗》引《食物宜忌》谓:虾籽"鲜者味甘,腌者味咸甘,皆性温助阳,通血脉"。

油豆腐是豆腐的炸制食品,其色泽金黄,内如丝肉,细致绵空,富有弹性。系经磨浆、压坯、油炸等多道工序制作而成。油豆腐既可作蒸、炒、炖之主菜,又可为各种肉食生鲜的配料。

虾籽油豆腐

油豆腐配虾籽,好吃又简单,是下饭的快手菜。虾籽的鲜味既去除了豆腥味,又让快手菜、下饭菜富含营养。而嘉定当地优良的环境质量,更保证了河虾籽的优异品质。拌着米饭就食,滋味是玄妙而深刻的。

五、肥羊大面(吴家馆)

从前嘉定农村大量饲养湖羊,而以江桥地区所产为出名,江桥因而被称为"湖羊之乡"。湖羊原来叫作胡羊,源于北方蒙古羊,已有千年历史。据历史资料记载,南宋迁都临安,黄河流域的居民大量南移,同时把饲养在冀、鲁、豫的"大白羊"携至江南,主要饲养在江浙两省交界的太湖流域一带。

江桥湖羊

2007年,"江桥白切羊肉加工技艺"被列入嘉定区第一批非物质文化遗产名录,2012年入选第三批上海市非物质文化遗产名录。作为市级非物质文化遗产,江桥白切羊肉加工技艺传承上百年从未间断,主要精选三四十千克的散养纯白毛羊,不加任何佐料,烧为次,焖为主,具有肉嫩、食糯、无羊膻味等特色。

　　吴家馆进货肉羊或许主要选取江桥农家自养的湖羊。肥羊大面以肉色鲜红、酥浓香肥的白切羊肉而闻名。生羊肉去腥后,整块放入锅内,加黄酒、姜葱等烧滚,再加水放在大火上一滚,再用小火焖煮,略加花椒或五香、八角、桂皮和盐菜,煮到可用筷戳洞时取出,切成薄片,蘸酱油或甜面酱吃,肉酥汁浓,略带甜味,不腥不腻。用羊肉原卤作面汤,每碗另加羊肉一碟,一直是嘉定镇、南翔镇两地老茶客的早餐佳肴。①

肥羊大面

---

① 参见《肥羊大面》,http://shop. bytravel. cn/produce1/80A57F8A59279762. html.

六、松子鳜鱼（吴家馆）

　　嘉定地处长三角腹地，雨量充沛，光照充足，气温适中，有利于各类农作物的生长。据历代县志记载：东临大海，南至吴淞江，西至徐公浦、瓦浦，北至娄江（今浏河），现浦东高桥、宝山等地区，都曾经属于嘉定县范围，因此物产十分丰富。

　　清代史家王鸣盛《练祁杂咏》（六十首）其一曰："三江烟水接溟濛，最好东吴更向东。荷叶菱丝秋瑟瑟，放船恰趁鲤鱼风。"既写出了嘉定的地理，也写出了秋日景物，荷叶、菱丝、渔船和跃动的鲤鱼，展现了嘉定物产丰饶、生机勃勃的景象。嘉定产于江湖之中的淡水产品种类极多，有鳜鱼、鲈鱼、鲫鱼、鳗鱼、蚌、蚬、螺、虾、蟹等。"几簇人家烟水外，数声渔唱夕阳边"（宋吴惟信《泊舟练祁》），描述的就是过去嘉定人与水系相依共融的场景。

　　鳜鱼，对水质的要求极高，现在已经有人工养殖，只是味道和药用价值

练祁河沿岸人家（徐征伟供图）

不如野生鱼。生活在野外环境的鳜鱼,体色很深稍微有点黑,鱼身上的斑纹非常多。养殖的鳜鱼通体泛白,斑纹也比较少。在野外的鳜鱼是一种冷水鱼,顾名思义越冷的水域越容易繁殖,在低温的水域更是常见。历史上,嘉定的蕴藻浜和练祁河曾经盛产野生鳜鱼。

松子鳜鱼又名松鼠鳜鱼,是一道典型的苏帮菜。明朝时的嘉定属苏州府,清代雍正朝以后的嘉定属太仓州,所以嘉定传统菜肴也是苏菜的一个分支。

鳜鱼活杀后去脊骨,在鱼肉上剖成菱形状刀纹,深至及皮,蘸干淀粉后,经熟猪油二次炸制,呈浑身金黄,肉粒翻开如毛,头昂口张,鱼尾微翘,形如松鼠,趁热将卤汁淋鳜鱼身时,会发出咪咪之声,犹如松鼠欢叫。卤汁以糖醋为主勾兑而成,又加入番茄酱和松子等,使菜品色泽更加鲜丽,口味更加丰富。

松子鳜鱼

吴家馆的松子鳜鱼入口即有清香,这主要归功于松子仁的大量使用。松子虽然并非嘉定的特产,但自清初起嘉定一直多徽商经营的茶食铺。隆昌义南货店位于东浦桥往东 50 米左右,也就是现在东大街博乐路的西侧街北,是一家世代相传的百年茶食老店,大家都以隆昌简称之。隆昌现场制作各种时令炒货:除了热白果和糖炒栗子等,当然还有东北原味去壳松子。吴家馆就近取材,松子鳜鱼中松子的新鲜度必然要高于其他餐馆。

七、腐乳炝虾(陆家馆)

腐乳炝虾是一道传统苏菜,其味呈甜、香、辣、咸,鲜爽可口。

炝虾是一道看似简单的冷菜,但做好不易,关键是调味料。白酒与白胡椒粉多出一点,就会遮盖白虾的本味;酱油少了一点,则调不出白虾的鲜味。如果说吴家馆"烧酒炝活虾"的味道主要来自嘉定特产的白酒与文玉和的晒油;陆家馆的腐乳炝虾则用文玉和酱园的另一款名品文玉玫瑰腐乳来代替酱油。文玉玫瑰腐乳呈玫瑰红色,以细、腻、松、软、香五大特点倍受老嘉定人的钟爱。

腐乳炝虾

虽然旧时嘉定镇的大小饭馆都"独宗吴门",却也并非把吴家馆的菜肴原封不动地搬到自己店铺。州桥地区饭馆老板的主体都是乡绅。按照百度百科的解释,乡绅是近似于民而又在民之上的,放到现在最起码是居委会干部一类的人物,所以有着与其身份相当的家国情怀。这个和现在苏州地区的很多古镇饭店不同,老板都是外来创业者,招几个外来务工人员,怎么简单怎么来。笔者去年去过同里、角直、锦溪等,觉得每家饭馆的菜式、烹制方法甚至连菜单都是一样的。清一色的太湖三白(白丝鱼或称白水鱼、白米虾、银鱼跑蛋),让众多游客每到用餐之时对饭馆望而生畏。

陆家馆与县衙门咫尺之遥,关乎整个嘉定的脸面。老东家陆文龙和少东家陆林奎都是自己亲自掌勺的,忙的时候要同时应付楼上楼下十余桌客人。可见,以前乡绅级别的店老板在"生活享受"上远不及现在的外来创业者。

八、红烧划水 (陆家馆)

　　划水是鱼尾的一种俗称,指鱼的尾部连尾鳍的一段。由于经常运动,这个部位的肉特别嫩滑。在徽州方言中"划"与"发"谐音,宴席中上此菜,蕴含"发达、发家和有余"的意思。最早做红烧划水用的是鲤鱼尾,古代视为珍品,唐代诗人李贺在《大堤曲》中写道:"郎食鲤鱼尾,妾食猩猩唇。"后经不断改良,选用新鲜的青鱼或草鱼尾巴作料,制作后的划水香浓味美胜鲤尾。

　　这一招牌菜又称"青鱼划水",是上海老城厢知名本帮徽菜馆"大富贵"的经典鱼肴之一。因青鱼的尾鳍所含胶质层较厚,所烧制的味道更加鲜美,故以青鱼做"划水"为佳。烧制时,不用油煎,仅以少量油滑锅即加调味品在五六分钟内烧成。由于采用急火、短时、快烧的独特烹饪技艺,鱼体内的水

红烧划水

分不致损失,不仅能保持鱼肉鲜嫩无比,还能保持鱼肉原汁原味,是最能体现徽菜烹饪特点的菜肴之一。

"青鱼划水"这道菜被徽商带到整个江南地区。兼容并蓄的嘉定陆家馆少东家陆林奎经过多年的融会贯通有了不同的制作方法,改名"红烧划水"。

陆林奎加工此菜的工艺十分讲究。首先考虑到青鱼的鱼尾肥厚,他把鱼尾切成扇形,这样切割的好处是让成品熟度均匀且容易入味。其次,鱼尾切好以后用晒油、葱段和生姜片腌渍,能较大程度压住青鱼的土腥气。与徽菜馆轻煎的方式不同,陆家馆必起大油锅,将鱼尾用大火炸透,另起猪油的油锅加糖和嘉定本地的黄酒红烧,收汁后再撒葱花、淋麻油上桌。

精心调弄每道菜是旧时嘉定州桥地区餐馆的不二特色。

九、炒鳝糊 (陆家馆)

嘉定农村素有"稻、鳝、鱼"综合种养的传统。

黄鳝作为乡土物种,有着"上天入地"的特点,"上"可爬稻秆,"下"可入泥一米多深,又可吞食水稻害虫,有效改变稻田的水文环境和土壤结构。鳝的游动会翻动泥土,促进肥料分解,增加水中的氧气,更利于水稻生长。这种生态循环大大增加了系统的生物多样性,减少了来自化学物质的危害。

嘉定外冈稻田(孙佳赟摄于 2022 年)

综合种养模式既不影响水稻的耕作、管理和收获,也可利用稻田里良好的浅水条件和阴翳环境实行黄鳝的半人工、半野生养殖,从而提高黄鳝的品质和产出率。

陆家馆早在民国年间就以烹调河鲜而闻名,其中尤以炒鳝糊最为出名。炒鳝糊取材于手指般粗、20 余厘米长的小黄鳝,活杀后划成鳝丝,用旺火热油、佐以葱姜料酒爆炒而成,出锅时再用一勺蒜泥点缀,香气扑鼻而来。

老嘉定划鳝鱼丝非常有意思,1970—80 年代的时候,市场里的商贩用各

种自制的工具划鳝丝,最有趣的工具是塑料牙刷,先把牙刷的刷毛去掉,然后把平时手握的牙刷柄磨得非常锋利,用这样的工具划鳝丝是最顺手的。生划鳝丝比将烫过的黄鳝划丝要难,尤其做响油鳝糊的鳝用的是笔杆鳝,细且滑,没有一点功夫难以捉住,更不要说去划丝了。

划鳝丝很多地方不一样,安徽、湖北这些地方,鳝鱼都是生划丝。上海市区鳝丝的处理方法非常独特,要先煮开一大锅冷水,在水中加入酱油和少量醋,等到水滚开的时候往锅中加一勺冷水,让水温保持在 90℃ 左右,然后马上将活鳝鱼投入水中,这样烫出来的鳝鱼非常好划。①

炒鳝糊这道菜到底从何而来?有人说这道菜是从安徽传来的,民国时期嘉定城镇曾经遍布徽菜馆和徽州人开的茶食铺,所以说炒鳝糊从安徽传来很有可能。陆家馆做炒鳝糊,必选笔杆粗细的鳝鱼。和本帮的响油鳝糊不同,免去了用热猪油爆香葱姜蒜的"花招",另外拌入的是鲜辣粉而非胡椒粉。嘉定的烹饪师多数认为滋味的关键在鳝鱼本身,以每年本地稻田六七月份所产的最为细嫩,绵韧而有咬劲,不需要浓油赤酱,更不需要"噼啪"作响。1960 年代起,将炒鳝糊这道菜做得最像陆家馆传菜的是位于嘉定城中清河路上的嘉定县人民政府第一招待所,后改名为迎园饭店。

炒鳝糊

---

① 参见《油润不腻,新鲜可口的"响油鳝糊"》,https://zhuanlan.zhihu.com/p/20905969.

十、八宝鸭（州桥饭店）

　　八宝鸭在上海人的心目中是一道节庆大菜，被赋予了不同寻常的意义。"八宝"一词，在民间有不同说法，诸如，"轮、螺、伞、盖、莲、瓶、鱼、肠（吉祥结）"，"石磬、银锭、宝珠、珊瑚、古钱、如意、犀角、海螺"，所寓无外乎吉庆、祥瑞、幸福、美满之意。名称略异，喻指相通。古典家具中还有八宝螺钿嵌的工艺。那么鸭子的八宝从何说起呢？在1887年重修的《沪淞杂记·酒馆》中早有记载，八宝鸭是上海苏帮菜馆大鸿运酒楼的名菜，取鸭肉拆出骨架，塞入馅料蒸制而成。此菜后来转换门庭，于1940年代被上海老饭店由拆骨改为带骨，不仅鸭肉酥烂、香气四溢，而且成菜外形美观。

八宝鸭

八宝鸭成为上海老饭店的招牌菜后,迅速闻名上海市区及郊县,并流传至今。至于如何会成为1960年代至80年代嘉定州桥饭店的招牌菜就不得而知了,既然上海老饭店可以模仿、"偷技"大鸿运,州桥饭店有何不可?

州桥饭店的八宝鸭有标准规格,选用一斤以上的绿头鸭,净膛去骨待用。所谓的八宝,由鸡丁、火腿丁、鸭肫丁、冬笋丁、香菇丁、开洋、栗子、干贝等制铺料组成,与洗净的糯米一起拌匀,加酒、盐、慈、姜等调味,塞入鸭膛内,再把膛口缝好,下油锅炸至金黄,然后垫上粽叶,上笼蒸四小时以上,待到出笼,香味四溢。

十一、水晶虾仁（州桥饭店）

　　水晶虾仁是上海菜中的代表菜，有着"上海第一名菜"之称。这道菜的特点是，晶莹剔透，赛如水晶，香味四溢。水晶虾仁采用虾仁和鸡蛋清制作而成，软中带脆，鲜亮透明。

　　上海的炒虾仁分"清炒虾仁"和"水晶虾仁"。清炒虾仁比较像杭州楼外楼龙井虾仁的做法，而水晶虾仁则和粤闽菜馆子有着密不可分的关系，很受上海人欢迎。晶莹剔透，饱满弹牙，呈半透明状，当得起"水晶"之名。

　　梁实秋在《雅舍谈吃·水晶虾饼》中曾经写道："说起炒虾仁，做得最好的是福建馆子。记得北平西长安街的忠信堂是北平唯一的有规模的闽菜馆，做出来的清炒虾仁不加任何配料，满满一盘虾仁，鲜明透亮，而且软中带脆。闽人善治海鲜当推独步。"

　　不知何时，州桥饭店从粤、闽菜引来了"清炒虾仁"。

　　以前，嘉定江河湖中的水非常清澈，池塘里的水草自然生长，虾蟹成群。

水晶虾仁

因为河虾的选料上乘，加上制作精细，虾仁须一粒粒拌匀、出水、挂浆……州桥饭店的"水晶虾仁"上席，即刻奇香四溢，晶莹剔透，赛如明珠。那时候的虾仁是吃得出虾的鲜味和质感的。配整盘虾仁不可少的还有一碟醋，由店家专门调制。即便是早市的盖浇面，浇头也绝不含糊，特制醋是必定要配上的。

十二、外婆芋艿(民族饭店)

在嘉定乡间,农家一般都要在清明前后种上几畦芋艿,到白露节,芋艿基本长成。白露这天,人们去田中挖上几棵芋艿,称做"开园",回家做一锅时鲜菜——红烧芋艿,一家人可美美享受一顿。和上海市区的葱烤芋艿不同,嘉定芋艿的第一吃法是红烧。

嘉定农村的芋艿品种主要有两种,一种叫红梗芋,一种叫白梗芋。红梗芋的芋梗呈褐红色,芋艿秆要比白梗芋矮小些,长成的芋头上有嫩红色芽尖。白梗芋的芋秆要比红梗芋高大些,整个秆枝呈青白色,长成的芋头上有白色芽尖。红梗芋中的淀粉含量高,所以吃起来口感甘香。白梗芋淀粉含量较少,但是它富含一种植物胶质,吃口润滑。①

外婆芋艿

---

① 参见陆慕祥《白露时节话芋艿》,《嘉定报》2018 年 10 月 9 日。

阴历八月正是本地芋艿上市的季节,嘉定话芋艿的发音与"运来"相近。所以中秋节吃芋艿,不仅仅只是享口福同样也表示希望能够好运连连。还有种说法,因为芋艿是用球茎繁殖的植物,象征着"母子相依",这也是另一种美好的寓意。老嘉定吃的是本地的"红梗芋艿",其根部稍微带点粉红色。

开在州桥清河路上的民族饭店已经有近三十个年头了。这家饭店的风格比较奇特,既是清真菜,又是本帮菜。不过,民族饭店最为嘉定人推崇的不是清真的牛羊肉,也不是典型的本帮菜,而是一道红烧的外婆芋艿,外皮焦脆,入口惊艳。其实,这是嘉定农家的烧法,用的必定是红梗芋艿。

十三、燠鸭面(来一碗燠鸭面馆)

秋天如果起得早,在早上吃一碗热腾腾的燠鸭面,是个不错的选择。记得 1980 年代时,州桥老街靠近登龙桥的位置是开有一家燠鸭面馆的。现在位于塔城路 780 弄的"来一碗燠鸭面馆"是不是当初州桥老街的那家已无法知晓。有人说这家店少说也有三十多年历史了,是嘉定本地人开的小馆子,每天新鲜现做,鸭子饱满入味,红汤(通常是指鸭汤)极有鸭鲜味。笔者在成书之前亲往品尝了一下,感觉"来一碗燠鸭面馆"的燠鸭面虽是现做,但用材上却并非新鲜的土鸭。鸭腿面售价仅 19 元一份,似乎是专供城乡接合部居民和民工的,原材料品质上似有捉襟见肘之嫌。另外需要大幅度提高的是该店的卫生水平和服务人员的专业素质。

燠鸭原是昆山周市的名产,因为嘉定与昆山毗邻,昆山燠鸭的传人将

燠鸭面

"这只鸭子"带到这边,逐渐形成了嘉定本地饮食的一部分。"燠(āo)"这个词,指文火慢慢炖,让整只鸭,乃至骨头,都充分浸制,吸收草药卤汁老汤。秘制老卤含有十多种香料和中草药,故而煮好的燠鸭带着一股特殊的浓香。

鸭腿,鸭汤面,卤蛋或荷包蛋,是嘉定镇本地人的早餐标配。嘉定的燠鸭流派,大多都加红曲米,不仅是为了色面漂亮。红汤调味带有一点甜味,正好与咸鲜肥嫩的燠鸭相配。通常卤鸭都是偏精瘦的,但燠鸭需要有一定的脂肪含量,吃起来才润而不油,糯滑的鸭皮连着肉,浸面汤吃,更酥软鲜美。①

---

① 参见夏桁《一座好吃好逛的美食宝地》,https://new.qq.com/rain/a/20221117A084UA00.

城中篇

叶池大楼（ 李侗摄于 2014 年）

城中絮语

嘉定的"城中"对不同的人而言,甚至对同一个人身处不同的环境而言,其地理概念都是不一样的。比如,对当时的上海市区或嘉定镇以外嘉定地区的人而言,城中就是嘉定镇(1980年前称城厢镇),嘉定东西南北门中间的都是"城中"。但是对东西南北门之内的人而言,"城中"可能单指城中路中段和北段,应该是南起小囡桥和原县政府,北至北城河。对1980年代就读于上海科学技术大学①的同学而言,只要走出校门,一路往北,步行时间在半小时以内的一切有好玩、有好吃的地方都是"城中",包括州桥、孔庙和汇龙潭公园。虽然上海科大的门牌号是城中路20号,但没有一个人会认为科大是在"城中"而不是在南门。

当初的上海科大学生不把科大视为城中的一部分,可能还有一个较深层的心理原因。因为如果承认科大是城中的一部分,那么就是自视为嘉定人而不是上海人,前者是县城户口,后者是城市户口。

科大三食堂原名科大"小食堂"。最初的"小食堂"是教师食堂,定时向学生开放,里面有几个极好吃的菜。笔者记得中午时要吃到"小食堂"的饭菜必须等到12点之后,待大部分教师用膳完毕。由于存在某种不公平因素,且有某些长相见老的同学经常冒充教师去"小食堂"用餐,1985年科大在大小食堂之间新开一家食堂,菜肴味道也是很不错的,称为"二食堂"。原来的

---

① 按:1958年5月19日,聂荣臻与上海市领导商谈创建上海科学技术大学;1958年9月,以中国科学技术大学上海分校的名义招收首批488名新生;1959年5月,由时任中国科学院院长郭沫若题写校名。老一辈上海人都知道,这是所好学校,也是上海的老牌重点大学。1994年5月,该校被撤销建制,与原上海大学、上海工业大学、上海科技高等专科学校合并组建成新的上海大学,结束了36年的办校史。原校址成为上海大学嘉定校区。

1985 年秋,上海科学技术大学文学社骨干成员的合影(右一为笔者)

"小食堂"虽然改称"三食堂",但在"二食堂"建成之前进校的师生仍然按习惯称其为"小食堂"。

笔者见到网上有人画了一张上海大学嘉定校区的草图,从图中可以看出,上海科学技术大学在变成上海大学嘉定校区的名称之后,原来的大礼堂兼大食堂变成纯粹的大礼堂了,在 7 号宿舍楼的原小校门处新建了"一食堂","二食堂"的位置没有变化,而笔者所钟爱的"三食堂"(小食堂)已然消失不见了。

笔者之所以钟爱"小食堂",除了因为"小食堂"的菜有股子饭馆味外,还因为入口处的熟菜间售卖一种有异香的白切羊肉,且各类肉品的盘子都离窗口比较近,加上熟菜间的师傅又经常不在岗位上。如果熟菜间的师傅在岗位上,首选白切羊肉,切一块红烧大排一般大小的羊肉下来,价格约为大排的 1.5 倍,配上白米饭后可以坐在食堂中慢慢品尝;如果熟菜间的师傅不在岗位上,那就没啥好选的了,取近窗口处的最大块肉品或塞进书包或用外

套包裹,奔回宿舍与室友一起大快朵颐。"小食堂"的白切羊肉酥而不烂,有一种酥嫩而结实的独特口感。脂肪凝成如雪膏状,入口即化,只有清爽的香气而没有油腻感,与瘦肉形成漂亮的纹理,吃来相得益彰。

"小食堂"晚餐的家常豆腐也是一绝,因为里面混入了各种菜肴的锅底,其中尤为重要的是红烧大排或红烧肉排的锅底。家常豆腐若无红烧大排或红烧肉排的锅底精华,是不会好吃的。如果点一个三人份或五人份的,里面还会时不时冒出一些惊喜,比如小半个卤蛋、大排的碎块、肉排的碎块、狮子头的碎块。当然,有时候惊喜是可以人为营造的。笔者的室友都是"小食堂"的忠实拥趸,过正常饭点(约下午5点半至6点之间)经常组团去"小食堂"用晚餐,一来二去便和厨师混熟了。一日趁别人不注意,塞一包"光荣牌"进掌勺厨师的口袋。掌勺厨师心领神会,见无其他同事在,从冰箱中取出一包虾仁倒入。为避人耳目,烹制时间极短,火候却恰到好处,虾仁刚断生即止。据传,在公私合营运动中消失的西门外大街娄家馆有一道名为"肉末豆腐"的招牌菜,酱香浓郁,内容丰富,价廉量足,比较科大"小食堂"的极品家常豆腐不相上下。是以,笔者深刻怀疑当初"小食堂"有一支从西门整

1980年代中期科大小食堂的家常豆腐与此庶几近之

47

体移植到科大的厨师团队。

酱肉排是科大"小食堂"的头牌，主料为三夹精的草排，特点是红润鲜亮，软烂咸香。"小食堂"的酱汁肉排即使放凉也有凉的吃口，肉骨之间的油脂会结冻，刚入嘴里有点粉，然后化开……真是令人浮想联翩！可能是加入了红曲米、老厂黄酒和糖的原因，酱肉排的肉色为深樱桃红。酱肉排的质量关键在于制卤，好卤汁应黏稠、细腻、流汁而不带颗粒，既能使肉色鲜艳，又能使其味具有以甜味为主、甜中带咸的特点。制卤当然要用质量上好的酱油。嘉定曾经有一款于1911年获都灵世博会金牌奖的"飞鹰牌"酱油，由"西门小街"的黄晖吉酱园所产，1950年代黄晖吉酱园"无疾而终"。"小食堂"厨师团队保留"飞鹰牌"酱油至1980年代的可能性不大。不过，嘉定另有一款和"飞鹰牌"酱油名气和质量都相当的酱油产品，名曰"卫生酱油"，由1930—40年代州桥地区的文玉和酱园所创。卫生酱油最初用的是秋霞圃清镜塘的水源。和黄晖吉酱园命运不同，文玉和酱园1950年代时改制为公私合营的"文玉食品厂"……1984年更名为"嘉定酿造厂"，1996年嘉定酿造厂带着它的"卫生酱油"一起退出历史舞台。说回酱肉排，笔者猜想"小食堂"用的一定是嘉定酿造厂"卫生酱油"，如今亦无恢复之可能。

要说"城中"的中心位置，直到今天恐怕非南北向主干道城中路和东西向主干道清河路的交口莫属。交口处对现在的老嘉定人或者对已近花甲之年的老科大学生而言，一共有三个重要的所在。一处是嘉定影剧院，一处是叶池，一处是佳露西菜社。虽然叶池碑碑文上的"叶池"二字为上海老领导魏文伯所书，纪念的是抗清志士侯峒曾父子，但"老嘉定"和"老科大"心目中的叶池，却是这块碑马路对面的地下室。这个地下室是嘉定的第一个咖啡馆，名字就叫"叶池"。"佳露"和"叶池"的意义不单是西餐馆和咖啡馆这么简单，而是所有"老科大"的精神乐园。当初没有手机，自然没有网聊，想和别人聊天或组群聊天就只能是面对面地促膝谈心。

笔者于1984—1986年间就任上海科大的文学社社长，经常作为群主组群去此二处群聊。组群的方式极为宽泛，可以是校文学社骨干成员，也可以是同班好友，也可以与来自市中心的其他大学同学组成的临时群聊班子。

48

1983 年,叶池地下咖啡馆(《嘉定城乡建设》)

群聊的主题内容跟随群成员经常变换,文学社社员聊的一般是萨特、艾略特、《第22条军规》等。同班好友若有男有女,一般聊的是家长里短和就业前景;同班好友若清一色是男同学,一般聊的都是本班、本系甚至本校的漂亮女同学。以上所有群聊,无论雅俗,似乎都只能以佳露西菜社或叶池咖啡馆为平台,绝无选择中餐馆和包子馄饨店之理。佳露西菜社和叶池咖啡馆的消费水准明显是为科大学生度身定制的,记得当时佳露西菜社的炸猪排售价1元、清咖售价2角,叶池咖啡馆的奶咖、可可牛奶和酸奶售价都是2角5分。

上海科大坐拥佳露西菜社和叶池咖啡馆这两处群聊胜地,于1980年代中期在整个上海地区的大学生群体中甚至文化界中传为美谈,一时间慕名造访的闲聊者难以胜数。其中最大牌的当属以描绘家长里短和抒发闲情逸致为写作特色的已故知名作家程乃珊。不过,程乃珊并没有去成佳露西菜社和叶池咖啡馆,因为校领导对大作家自有特殊安排,就餐和喝咖啡都定在科大自己的胜地——"小食堂",并让几位校文学社成员全程作陪。

1986 年,程乃珊(前排右二)与上海科大文学社成员留影(前排左二为笔者)

佳露西菜社是当时沪郊唯一的专业西餐馆,它的正对面是叶池咖啡馆和嘉定影剧院,侧对面是城中路上标志性建筑"十层楼"。1979 年 8 月 3 日,《文汇报》头版刊登了一条图片新闻:嘉定县城一角。图片介绍了刚建成的嘉定叶池大楼(见辑封),楼高 35.8 米,共 10 层,是当时沪郊第一幢高层居民住宅。照片刊出后,叶池大楼广受关注,"十层楼"的叫法也从此在民间流传开来。

佳露西菜社于 1981 年开张营业,毫无疑问餐馆选址人员看中的是住在"十层楼"中的有西洋背景的"大款"。然而,"十层楼"的居民却并非餐馆的主要消费人群,真正撑起佳露西菜社营业额的是一大批来自上海科大的学生团体。然而随着大学管理体制的加强,学生团体自 1990 年代起逐渐式微,佳露西菜社也就失去了上海科大学生闲聊群这个最主要的消费群体。病急乱投医的结果是 2000 年开始与上海红房子西餐厅合作,开始推出一些如"炸牛脑花"的洋泾浜西餐,力图吸引本乡本土的嘉定镇居民,终于勉力维持

1980 年代的城中路北段远处即叶池大楼(《嘉定城乡建设》)

到 2005 年,不得不关店歇业。后来平城路上的佳露西菜社属于老店新开,虽然店内的墙上挂着很多 1980—90 年代的老照片,但大部分"老嘉定"均认为其菜式和口味已与当初不可同日而语,至于"老科大"则无一人问津。笔者为著此书向当年诸位师生朋友询问佳露西菜社的招牌菜肴,大家记忆中的佳露西菜社除了海派西餐经典老三样(罗宋汤、洋山芋沙拉、炸猪排),还有改良版的水果土豆沙拉和杏利蛋,基本没有自己的特色。但是佳露西菜社当初售卖过或没有售卖过哪些菜肴有什么要紧呢? 对"老科大"而言,佳露不是餐馆,而是 Yesterday once more,是昔日那块青春年华"虚度"过的地方,离开了叶池咖啡馆和嘉定影剧院的"佳露",好比橘生淮北。

嘉定镇老城区过去遵循的一直是南宋时期的格局,以环状护城河为界,河内是老城、河外是新区。老城区不大,东西宽两千米,南北长也是两千米。1960 年代之前的嘉定镇,是一个钟灵毓秀的典型古城池:有东西向练祁河、南北向横沥河与圆形护城河组成十字加环的"古城水系";有镇中心被喻为"教化嘉定"之笔"法华塔"为地标的"州桥老街";有紧邻横直两河而建、

1980 年代佳露西菜社外景和内景(《嘉定城乡建设》)

东西南北十字相交的"狭窄街坊"(包括四条下塘街);有被十字加环切割成的"四大田块"。这四大部分所构成的嘉定古镇,陆上交通的短板尤为明显,极不适应时代的飞速发展。"若要富,先筑路",这个理念在 20 世纪中下叶成为嘉定的共识,并迅速付诸实践。于是,贯通老城南北的主干道城中路于 1959 年开始兴建,一年时间建成,最南端是简陋的南门汽车站,北端则有实为半爿街的萃华百货商店、嘉宾饭店和体育场,中段有县政府、邮局等机构。

城中路北段似乎一夜之间冒出了县政府招待所、萃华百货商店、秋霞理发馆、嘐城照相馆、嘉宾饭店、"温宿路"住宅楼,接着还有"十层楼"、影剧院。这里的设施在当时都称得上一流的,组成了一道散发现代气息的风景线,让人耳目一新。嘉定人亲昵地给它起了个小名——"一条街"。不久,这里就成了嘉定的"闹市中心",让州桥老街羡慕不已。

城中路之所以能够迅速抢走州桥的风头,要归功于 1950 年代政府对私营工商户改造的完成。

民以食为天。1955 年,在"公私合营"政策的施行下,有关部门主导吴家馆等多家老饭店合并经营。嘉定县饮食服务公司将"吴家馆"等合并成立"城中合作饭店"。地方志记载:"城厢镇原有近 200 户饮食店(摊),撤并为 13 个,给人民生活带来不便。"随着 1958 年的到来,人民生活不是便与不便的问题,而是吃得饱与吃不饱的问题,活得下去还是活不下去的问

1980 年代,嘉定县人民政府清河招待所(《嘉定城乡建设》)

题。当时荤食品紧缺,不管吴家馆、陆家馆、蔡家馆这些老饭店是否被撤并,不管饮食业职工如何以素代荤,如何精心烹饪,他们所面临的共同挑战都是如何用少量米做出大量饭。大饥荒之下,哪有什么美食可言?1959年,嘉定的粮食开始紧缺,饮食店凭粮票只供应阳春面和菜饭;居民家庭和伙食团搭配供应山芋干、玉米粉、麦片,9 月份面粉断档,改供应米粉。在这种情形下,面向大众的社会性餐饮工作变得极为简单,于是"城中合作饭店"的厨师人马被打散重组,其中的精英分子后来主要转入嘉定县人民政府第一招待所所属的迎园饭店和嘉定县人民政府第二招待所所属的嘉宾饭店。早期的迎园饭店 1961 年建于城中路温宿路口,是不对外营业的,仅供县政府招待、开会用;1979 年移至清河路城中路口新建,改名为嘉定县人民政府清河招待所,1989 年恢复迎园饭店名称。而嘉宾饭店始建于1962 年,就在城中路萃华百货商店旁边,其时底层设嘉宾餐厅,楼上为旅馆部,从一开始就是对外营业的。

　　昨天是今天的历史,今天是明天的历史。随着历史的发展,嘉定六十多

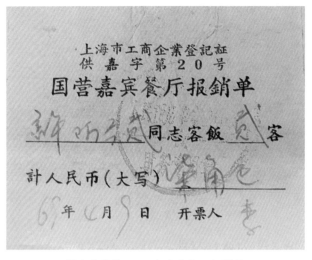

笔者收藏的 1969 年嘉宾餐厅报销单

年前打破传统而铸就的新事物如今也变成了怀旧对象,其中以嘉宾饭店为代表。对老嘉定人来说,嘉宾饭店称得上是嘉定最大牌的一家老饭店了!一甲子以来,嘉定人的家庭聚餐、办喜宴、吃年夜饭,都会选择在嘉宾饭店,可以说,嘉宾饭店继吴家馆之后又铸就了一种新的怀旧情怀。嘉宾的八宝辣酱、糖醋小排、剪刀豆、大馄饨一直很受嘉定人的钟爱。特别是每年到了夏天,人们必吃"嘉宾三冷"(又称"夏日三宝")——冷面、冷馄饨、绿豆汤,城中地区的嘉定人无一不知。

嘉宾饭店(徐征伟供图)

一、八宝辣酱(嘉宾饭店)

市中心的上海人下馆子,虽然名为"吃饭",但实际上大家往往是奔着品尝美味佳肴去的,至于到底席间是不是还要吃上一碗米饭,已经相当不重要了。但嘉定不一样,素有节俭之风,如何才能更好地"下饭",是嘉宾这类国营老饭店必须考虑的问题。

"八宝辣酱"虽然有八种口感各异的主料,但"八宝"其实却非这道菜肴的主角,真正的主角是那个所谓的"辣酱"。"八宝辣酱"最早起源于宝山还是三林塘还是川沙,已无踪可考,但可以肯定的是,它一定是源于上海郊县的乡下厨师之手的。因为在光绪年间,几乎所有的上海菜馆都有这道菜,不同的是进了城以后,这道菜的主料才有了"八宝"之说。八宝辣酱的主料没有定数,一般来说,有肫片、鸡丁、肉丁、肚丁、虾仁、笋丁、花生、豆腐干等八

八宝辣酱

样(也可以加其他丁粒状原料,比如葡萄干)。这里脆的是肫片、笋丁、花生,软的是虾仁、肚丁、豆腐干,嫩的是鸡丁、肉丁。一勺入口,各种不同的口感相映成趣。

1960—70年代嘉宾饭店主打的就是各式"下饭小菜",八宝辣酱正是嘉宾的一道招牌菜。八宝辣酱可不是把调味品按比例配好了下锅那么简单的。这是一道工夫菜,尤其对火功和调味的要求都比较高。笔者猜想嘉宾八宝辣酱最初的灶头(掌勺厨师)和墩头(切配厨师)必来自吴家馆或陆家馆,没一点悟性的人,很难把这道菜调配出神韵来。

二、五香剪刀豆（嘉宾饭店）

嘉定白蚕豆是上海市的特产，也是我国蚕豆品种中著名的优良品种之一。1959年，嘉定蚕豆曾在印度举行的世界博览会上展出，引起举世瞩目。据光绪《嘉定县志》记载，嘉定白蚕豆"大如拇指，味佳他邑"。其特点是：豆瓣大、形扁平、皮薄，白皮、白肉、白眼睛（号称"三白"），为上海市名特优产品，也是上海老城隍庙五香豆的指定材料。

在国外，蚕豆也是很受珍视的蔬菜。罗马人曾用它作为豆子女神卡纳的供奉。俄国人用蚕豆做冷食。可是不管怎么说，对于蚕豆的利用之充分，世界上任何其他国家都赶不上中国。鲜蚕豆钝椭圆形，呈翠绿色，鲜亮明快，整齐而有规律，使人愉悦，是理想的菜肴配色原料。清香而鲜甜，入口软、酥、沙而有点糯，柔嫩细腻。

所谓"剪刀豆"，是干蚕豆用冷水浸透后，用剪刀逐粒剪一下，锅内放油，烧

五香剪刀豆

热后即投入葱,炸出香味捞出。再加入水、蚕豆、桂皮、茴香,大火烧开后,用小火焖煮。视蚕豆将酥时,加入适量盐、白糖至水分收干,起锅前加入适量五香粉和鲜辣粉即可。由于蚕豆已被剪刀剪了一下,所以烧得比较入味。嘉宾饭店主厨言,五香味的剪刀豆历来深受嘉定本地食客欢迎,具有"豆肉酥烂、入口即化、香味四溢"等特点,是嘉宾饭店冷盘的代表作,一般作为下酒菜。

然而,笔者对嘉宾饭店以干蚕豆作为原料来烹制嘉定招牌菜不以为然。嘉定白蚕豆是清代起在嘉定县城北门外陈家山发展起来的一种白皮、白脐、白仁的"三白"农家优良品种。蚕豆又称"寒豆",故嘉定白蚕豆被称为"嘉定白寒"。豆粒大而略扁,豆皮薄而嫩,一煮即酥,吃口香糯,是价廉物美、营养丰富的春夏佳蔬。这种白蚕豆对土质有特殊要求,仅限于嘉定东北部地区种植,一旦移栽他乡,就会退化,变得粒小皮厚肉硬,故而"嘉定白寒"产量不多,由此更显珍贵。每年立夏,蚕豆是以时鲜蔬菜入市的。作为蔬菜,通常烹制法中,除了素炒、加葱花炒、用椒麻炒、盐煎等,还有豆瓣蒸蛋、烧豆腐、炒咸菜等。《随园食单》言:"新蚕豆之嫩者,以腌芥菜炒之,甚妙。随采随食方佳。"

葱油蚕豆

嘉宾饭店不以独具地方特色的新鲜白蚕豆入菜,而把干制蚕豆烹饪成自己的招牌菜,不免有点令人费解。

三、铁板比目鱼（嘉宾饭店）

铁板比目鱼则是嘉宾饭店的又一道"传统"招牌菜。在比目鱼之前，他们也选用过铁板鲳鱼、铁板鳕鱼，但效果都不理想。嘉宾的厨师介绍，鲳鱼太干瘪，鳕鱼又太肥油，我们觉得，只有比目鱼是最好的铁板做法食材。

据《新民晚报》（2014 年 2 月 3 日）报道，嘉宾饭店所做的铁板比目鱼，"一端上来，色泽金红，肉质鲜嫩，香味浓郁。而制作过程是先将比目鱼洗净加调料腌渍片刻；铁板铺上洋葱，放上比目鱼和黄油，进烤箱烤熟即成。据了解，正是这道铁板比目鱼，在美国阿拉斯加海产烹饪大赛中荣获了金奖"。

笔者没有尝过这道菜，却对此菜有三大疑问。一、为何如此选料？二、传统自何相承？三、是新品开发，还是商业合作？

按照笔者的理解，铁板鱼的铁板就是一种炊具，既然作为通用的炊具，就不能仅限于烹制一种鱼类食材。铁板鲳鱼、铁板鳕鱼，甚至铁板草鱼、铁板鲫鱼，有何不可？几乎每种鱼都能用来制作铁板烧，至于菜品的味道，应

江浙沿海常见比目鱼之一种舌鳎鱼

该主要取决于食材本身吧？喜欢鲳鱼，可以选食铁板鲳鱼；喜欢比目鱼，可以选食铁板比目鱼；凡此种种，不一而足……

比目鱼，又名木叶鲽、鲆鱼、鼓眼鱼等。古称鳒，也有把两眼都在左边的叫鲆，两眼都在右边的叫鲽；北方统称为偏口鱼，江浙习惯叫比目鱼，广东则称大地鱼。古人误认为它一雌一雄紧贴排列游泳，有眼的一边向外，似夫妻并肩前进，故有"凤凰双栖鱼比目"的佳话。头小吻短，体扁平而阔，呈卵圆形，眼间隔窄，呈隆起嵴状，体一面是黑色，一面是白色，常以白色的一面附于海底泥沙处平卧，以黑色的一面朝上，游动时则摇动其扁平的身躯前进。分布于我国渤海、黄海、东海、南海的近海水域，是温水性近海底层鱼类。据统计，截至 2011 年，全世界比目鱼类共有 772 种。①

铁板比目鱼

① 参见百度百科。

铁板烧大约是15或16世纪时,西班牙人发明的。后来再由西班牙人传到美洲大陆的墨西哥及美国加州等地,直到20世纪初,始由一位日裔美国人,将这种铁板烧熟食物的烹调技术引进日本,加以改良为今日名噪一时的铁板烧。

据了解,目前阿拉斯加捕捞的大部分黄鳍比目鱼都出口到中国,其中一部分进入到山东等地的加工厂中,畅销国内市场。黄鳍比目鱼是经济价值较高的食用鱼。比目鱼的价格是不错的,如果和草鱼等比较便宜的鱼比起来价格稍贵,但如果和三文鱼、金枪鱼等比起来价格却极为低廉。比目鱼普遍的价格在每斤20到30元之间。另外,各家饭店若和上海的美国阿拉斯加海产市场协会合作,多半能在正常采购之余获取补贴。

笔者认为,和美国阿拉斯加海产市场协会进行正常的商业合作,采购价廉物美的国际食材,甚至获取适当补贴,都是无可厚非的。但是,将"铁板比目鱼"作为嘉宾这家国营老字号中餐馆的传统菜和招牌菜似乎有点名不副实。何况,这其实是一道"挂着羊头"的西餐。

四、糖醋小排（嘉宾饭店）

糖醋小排，是糖醋味型中具有代表性的一道大众喜爱的特色传统名菜。它选用新鲜猪子排作为主料，辅料则有香葱、生姜、大蒜、淀粉、食用油、酱油、香醋、精盐、白糖、味精等，成菜色泽红亮油润，肉质鲜嫩。

中国各大菜系都拥有"糖醋"口味，在浙菜、川菜、沪菜、粤菜、闽菜、苏菜、淮扬菜、鲁菜、豫菜、湘菜、赣菜中广为流传。

关于糖醋排骨的出处之争，始终没有停歇过。各个菜系都要搞个属于自家菜的证据，以示名正言顺。没有线索，编也要编个故事来，譬如把济公拉来站台。但平心而论，是否沪菜、杭菜和苏菜比较喜甜，做菜时用糖比较多？特别是苏菜，镇江醋不是白混来的名气，糖与醋合作成菜，是否最有可能诞生于苏南？至于江南的甜酸菜谱源于唐代长安，而长安则属于陕菜系

糖醋小排

的说法,就属于臆想了。这就类似将昆曲的起源说成霓裳羽衣舞,由黄幡绰和李龟年等人于安史之乱后带到江南,是与不是只有傀儡湖边的神鬼才知道!

各地糖醋排骨的风味各不相同。比如苏浙沪地区,糖醋排骨的特点是红油明亮,甜中透酸,酸甜适口,油而不腻;粤菜糖醋排骨,极具本家特色,不过油,色淡味轻,有配菜、水果搭配;川菜糖醋排骨,重油炸透,干香味浓,主做凉菜。

嘉宾的糖醋小排取本帮菜的风味,色泽油亮,口味酸甜。本帮制法无非焯水、过油、焖煮等,采用自来芡,不加芡粉。醋分两次下,第一次叫"闷头醋",用来去腥添香,第二次叫"响醋",用来出锅前增酸。属于新嘉定传统菜肴(即有些人定义的嘉定本帮菜)的"糖醋小排"在主料和调味料上有些小讲究。主料,必取梅山猪的猪肋排;调味料,最初以卫生酱油和文玉陈酒复合成"矫正味",现在因为嘉定酿造厂的关闭,各家嘉定老饭店是另辟蹊径还是随大流就不得而知了。

五、绿豆汤(嘉宾饭店)

　　"嘉宾三冷",以绿豆汤为魂。

　　盛夏时节的嘉宾饭店,不少人等位半小时只是为了吃一碗这里的绿豆汤。绿豆配上百合、香蕉片、糖桂花、糯米饭加上薄荷水,清凉微甜,味道堪称一绝!嘉宾饭店的这碗绿豆汤,汤水清透明亮,冷而不冰,绿豆静卧碗底,小小一团糯米伺于一侧,薄荷香隐约袭来,可以说是土生土长的嘉定人的童年记忆。

　　笔者觉得,嘉宾绿豆汤中的那团糯米,堪称点睛之笔。其一,酷暑其实不适合冰凉入胃,糯米的温性中和了绿豆的寒凉,体现了对脾胃虚寒者的关怀;其二,嘉宾的这道绿豆汤是在建店之初就有的,当时售价3分加半两粮票,与一副大饼油条大致相当。1960年代初,大饥荒刚刚过去,许多人家一

绿豆汤

天的伙食开销也就四五分钱。小朋友喜食甜味,但大多数普通嘉定人家都买不起糖果,凭票供应的白砂糖用于全家日常三餐尚嫌不足,哪有可能给小朋友烹制甜点?于是,还处于孩提时代的"老嘉定"为了那一口甜,经常省下零花钱或午餐费去嘉宾喝绿豆汤。但薄荷香的绿豆汤,具有极强的开胃效果,仅凭冰凉汤水中的几粒绿豆如何果腹?可能是某位来自昔日吴家馆的嘉宾老厨师,心中不忍,于每碗绿豆汤中加入了耐饥的糯米饭。于是,绿豆的酥,薄荷的清,糯米的韧,积淀为永久的感怀。

至于,嘉宾招牌绿豆汤配上百合、香蕉片、糖桂花可能是改革开放后甚至更后面的事情了,记忆十分模糊。1980年代就读于"上海科大"的老同学记得当年夏天的"科大二食堂"夜宵供应这道神品,也是没有百合、香蕉片与糖桂花这类配料的。香蕉片、糖桂花与薄荷的香味是相得益彰,还是互相干扰,望今日嘉宾饭店的主厨仔细思量。

六、五香熏鱼（迎园饭店）

　　熏鱼发源于江南一带，也被称为"爆鱼"，随着发展慢慢传至全国各地。无论在上海还是苏州，熏鱼都是非常受欢迎的一道冷盘菜式。上海的一些熟菜店也都会有售卖，每逢节日很多人排队购买熏鱼。熏鱼的制作，一般都会选用草鱼或者青鱼，近些年还流行使用鲳鱼。而这样的约定俗成只是到了当代才定型，之前也会有各色鱼种混杂出现，其中明确可查的就分别有：马鲛鱼、鲫鱼、鳜鱼、鲤鱼等。具体用到草鱼或者青鱼的制法，直到清代中期才出现明确的记载，只是早期会用柏树枝或者荔枝壳来熏制，到了清晚期以后才渐渐改用茶叶和大米。并在同时期出现了与熏鱼非常相似，一直到了当代不分彼此的"爆鱼"，但是熏鱼的称呼已然畅行天下，而爆鱼的叫法，至

五香熏鱼

今仅见江南一隅。①

关于爆鱼和熏鱼的做法，清末徐珂编撰的《清稗类钞·饮食类》均有记载，"爆鱼"条曰："爆鱼者，青鱼或鲤鱼切块洗净，以好酱油及酒浸半日，置沸油中炙之，以皮黄肉松为度，过迟则老且焦，过速则不透味。起锅，略撒椒末、甘草屑于上，置碗中使冷，则鱼燥而味佳。亦有以旁皮鱼为之者，则整而非碎，松脆香鲜，骨肉混和，亦甚美。""五香熏鱼"条云："五香熏鱼者，以多脂肪之青鱼或草鱼，去鳞及杂碎，洗净，横切四分厚片，晒干水气，以花椒及炒细白盐及白糖逐块摩擦，腌半日，去卤，加酒、酱油浸之，时时翻动。过一日夜，晒半干，用麻油煎之，捞起，掺以花椒及大小茴香之炒研细末，以细铁丝罩罩之，炭炉中用茶叶末少许，烧烟熏之，微有气即得，但不宜太咸。"

从制作工艺上来看，爆鱼与熏鱼的制作有些相似，主要少了一个熏的工艺。有人说，熏鱼是一道颇具"欺骗性"的传统菜。就好比，鱼香肉丝没有鱼、虎皮青椒没有虎皮，事实上熏鱼也是不熏的。笔者认为"欺骗性"的说法不太恰当，因为如今的江南熏鱼大体应该源自苏州，是在爆鱼(煎鱼)基础上增加了"汁浸"和"烟熏"，后面只是考虑了健康与安全才取消了烟熏。那么，"汁浸"是怎么加上去的？这就要说到嘉定。

光绪二十五年(1899)，嘉定人陈奎甫在南市天主堂街租房，开起了一家茶食店，在上海滩挂出了第一块老大房的招牌。原来他是个做糕团的帮工，由于手艺高超，路人品尝他做的糕团，无不赞赏，生意日趋兴隆。三年后，他又在南京路福建中路口开设老大房分店，自办作坊，自产自销苏式糕点。陈奎甫看到上海滩糕点行业中帮派很多，各有特长，但要站稳脚跟，并有所发展，就要不拘一格，打破陈规。于是他又用高薪，重金聘请名师来沪制作酥糖、太师饼、鲜肉月饼、肉饺等特色茶食，同时试制熏鱼、熏蛋，由于用料考究，并不断适应消费者的需要，老大房名声大震，规模不断扩大，分店纷纷开张。抗战时期，由于老大房地处租界地段，业务兴旺，当时在上海

① 参见百度百科。

很有名气,所以本市各式各样的冒牌老大房纷纷涌现,最后引起老大房打官司的局面,经当时商务局调查核实,南京路上老大房开业最早,牌子最老,由此,老大房在 1937 年以"真"字商标向有关部门注册备案,这就是"真老大房"的来历。①

"真老大房"品牌确立后,其熏鱼迅速成为爆款,最大的特点在于使用的卤汁别有风味,奇香扑鼻,使大马路上每天排队买熏鱼成为当时的上海一景。沧海桑田,当初的真老大房现在已不复存在,正宗的由陈奎甫研发的熏鱼技艺是失传了还是被冒名顶替了,均不得而知。坊间流传有家叫"海上爷叔"的饭店曾以一两黄金获"真老大房"熏鱼卤汁绝密配方的故事。一两黄金放到今天,也就值 1 万多人民币,怎么有可能买来熏鱼卤汁的绝密配方?此多半为扯虎皮作大旗招徕顾客的"现代传奇"。

除了葱姜蒜以外,熏鱼卤汁最主要的原料无非酱油、黄酒和粉料。"真老大房"熏鱼卤汁的配方虽然失传了,但读者诸君不妨想想当初创建这款爆款卤汁的嘉定人陈奎甫来上海之前最熟悉的酱油、黄酒和粉料是什么?但不管怎样,嘉定人陈奎甫创建老大房的时间点是清末,熏鱼属于其建店之初就主推的招牌菜点,距离本帮菜正式形成还有三四十年。希望今后不要有哪家本帮菜餐馆以此菜"申遗",说熏鱼是本帮菜的经典菜肴。

那么这款自嘉定而来,又在上海中心城区消亡的经典美食,是否在它可能的发源地还曾经有过其他"版本"?当初到底是陈奎甫独立创制的,还是他引用或改良了其他人的产品?如今的嘉定是否还存在类似"老大房"熏鱼的其他"版本"流传?

"迎园饭店"是嘉定城中地区除"嘉宾饭店"之外的另一家五十年以上的老字号饭店,因起源于 1959 年成立的"嘉定县人民政府第一招待所",而成为嘉定饭店业的金字招牌。1992 年,迎园饭店由政府统筹的招待型转为经营服务型,成为整个嘉定地区的第一家高星级酒店。据说,"嘉定县人民政府第一招待所"成立之初的全部厨师来自"嘉定城中合作饭店",而"嘉定城

---

① 参见《上海中华老字号》,https://www.mp4cn.com/article/b/1672882.html.

中合作饭店"于1956年公私合营时期"合作"了包括吴家馆、陆家馆、蔡家馆在内的所有城厢镇(嘉定镇)老字号饭店。

迎园饭店(唐敏摄)

如果最早的"老大房"熏鱼并非陈奎甫独创,而是当时某家嘉定老饭店的菜肴,只不过被陈奎甫"引进"到上海滩了,那么已经失传的其他版本的"真老大房"熏鱼卤汁秘方是否有可能"流传有序"地到了迎园饭店手中?

现在,"五香熏鱼"正是迎园饭店餐厅——"迎园食府"的一道招牌菜!按照他们自己的讲法,"餐厅以家常菜为主,选料考究,精工细作,通过土菜精做来吸引客户"。

正宗"老大房"熏鱼卤汁虽然已经失传,但其最本真的味道很可能在一些"土菜"中找到蛛丝马迹。即使这些蛛丝马迹中可能包含的文玉晒油、文玉陈酒、"飞鹰牌"酱油、"飞碟牌"白玫瑰酒、"白鹤牌"天花粉无"复出"之可能,也希望"迎园饭店"秉承对传统的敬意与探求,在"推陈出新"更换厨师队伍的过程中,尽可能多地将一些"土菜"方子保留下来。

七、红豆沙汤圆（迎园饭店）

嘉定人称汤圆为"圆团"。过年时家家户户都要做圆团，"吃圆团"，就像北方话里说的"哪家过年不吃顿饺子"。说"吃圆团"，一家人团团圆圆的意思，这是嘉定人的独创。

浸泡糯米，意味着每年过年的时光即将来临。有的嘉定人家嫌糯米太糯，担心烧煮时太软变形，容易煮烂，故再加入少许粳米。米浸泡约一周左右（期间还要换一两次清水），就要清洗沥干，大约沥到八九成干左右，就可以进入"斗粉"程序（过去没有机器磨米粉），嘉定话中的所谓"斗粉"，就是将沥干后的糯米倒入石臼，然后开始脚踏踏板，踏板前段的杵"嘭、嘭、嘭"不停地冲击石臼中的糯米，使之粉碎。其实"斗粉"是土话，规范的语言应该是"碓粉"。嘉定乡下舂米成粉，用的是石臼。石臼"斗粉"属于高强度劳动，对大家庭来说，通常都是男孩子们的事情。脚踏踏板一段时间后，米粒逐渐碎成粉状，大人们（通常都是母亲）就开始用细密的筛子筛粉。筛粉时，母亲一边筛粉，一边要时不时地拍筛子，使其米粉尽量不粘在筛子网上，以提高效率。开始筛粉时，一筛子下来，只能筛出少量米粉，剩下重新倒入石臼再"斗"。就这样不断地循环往复，继续"嘭、嘭、嘭"不停地踏。也许任务还没完成一半，那些半大男孩子的脚已经开始发酸了，然后，左右脚轮换着踏板，到快要结束时，两只脚酸到发抖。所以，"斗粉"的"斗"算是有点"出处"的，适合嘉定人认读。

斗粉结束，剩下的最后一些粗一点的米粉，通常会起个油锅，把这些米粉做成"粉糍"（类似"糍粑"）。所以斗好粉、吃粉糍，等于是拉开了过年的序幕。①

---

① 参见王宝根《嘉定的圆团》，http://h5.oldkids.cn/wo/saylog/view.php？id＝1623292。

最重要的是"小圆团"。旧时年初一的第一件事是拜谒祠堂，先拜天地，再对着祖先遗像或牌位神主上香叩头。然后给直系的尊长拜年。早点是小圆团，放一些红糖、白糖，不分大人小孩，每人都吃，这是嘉定独特的风俗，寓意全家平安康乐。① 小圆团的重要性还体现在婚庆礼仪上。按嘉定的习俗，新人入洞房后，要双双在新床上坐定，由男方母亲或仪颂娘伺候新郎新娘吃"和气圆"。和气圆，就是加红糖的小圆团，讨好口彩为甜甜蜜蜜、和和气气、圆圆满满。

嘉定的小圆团几乎都是有甜馅的，有芝麻馅、豆沙馅、果子馅（嘉定话称红枣为"红果子"）、番芋馅等。迎园饭店红豆沙汤圆是地地道道的嘉定传统甜品，是小圆团与红豆沙糊的结合，汤浓味香，甜美可口。做法是将豆沙在开水中碾开，边加热边搅拌，直到合适的黏稠度，然后加入煮熟的小圆团与桂花蜜拌匀。红豆沙的绵密纠缠着小圆团的软糯，桂花香扑鼻，每一口都沁人心脾，让平常的日子变得美好而细腻起来。

红豆沙汤圆

---

① 参见《嘉定老历八早的过年习俗》，http://www.jiading.gov.cn/mspd/shgj/jdww/content_358563.

八、烧汁煎酿莲藕夹（迎园饭店）

　　莲藕不仅是饮食圈里一道必不可少的美食，还是中华文化中独树一帜的文化意象。

　　莲藕是生长在水中的蔬菜，这种蔬菜其种植面积之广，产量之高要远胜于其他水生蔬菜。与其他水生蔬菜相比，莲藕含糖量高，同时又含有淀粉和蛋白质，是古代灾荒年间必不可少的救济作物。明代倪朱谟《本草汇言·藕》曰："如煮熟食，能养脏腑，和脾胃，凶年亦可代粮食焉。"

　　莲藕这种可食用的蔬菜，可被做成诸多特色美食。比如闽菜中有枣泥糯米藕，江南地区多以鱼虾与藕一起烹饪，又或者将藕磨为藕粉饮用。元朝贾铭的《饮食须知》，清代袁枚的《随园食单》、薛宝辰的《素食说略》等饮食古书中，详细记载了古代莲藕美食的制作方法。经常食用莲藕做成的食物，具有治疗阴虚肝旺、诸失血症等功效。

嘉定新城远香湖荷开胜景（俞超摄）

　　莲藕的精神文化,在民风民俗中也多有体现。在烈日炎炎的夏日,人们在荷塘乘凉嬉戏之时,也能够见到莲藕的身影。古代历法中,将"六月"称之为"荷月",夏日开始于"小荷才露尖尖角",繁盛于"接天莲叶无穷碧"。莲藕初生之时,正是荷花盛开之时,莲藕伴随着满荷塘的荷花竞相开放,不经意间就占据了百姓的整个夏天。[1]

　　嘉定地区有非常多的荷塘,每年6月下旬起整个嘉定都会被荷花包围起来。著名赏荷景点有华亭人家、嘉北郊野公园、陈家山荷花公园、秋霞圃、远香湖、嘉定新城荷花基地、古猗园、檀园、南翔留云公园等。

　　到了每年的小暑,嘉定民间还有"吃藕祛暑"的传统习俗;在每年阴历的七月七日,姑娘们也会在乞巧节的盛会上,以"莲藕穿针"表现自己的心灵手巧。

　　迎园饭店的烧汁煎酿莲藕夹是嘉定人的典型做法。藕切片而不切粒,将猪肉馅搅拌得有弹性再夹在里面炸。炸好后,浇上烧汁立刻食用,外脆里嫩,香甜可口。和其他地方的藕夹相比,迎园饭店的烧汁煎酿莲藕夹不是沾满淀粉的油炸物,有着酱香赋予的家乡情怀。

烧汁煎酿莲藕夹

---

①　参见鸢飞九天《探析中国莲藕文化》,https://www.sohu.com/a/361618851_100259636.

九、上海白切鸡（迎园饭店）

　　九斤黄，又名九斤王，是原产我国的世界著名肉用型鸡品种。因喙、足、毛都呈黄色，所以历史上又称它为三黄鸡。初见于明代李诩《戒庵老人漫笔》记载："嘉定、南翔、罗店出三黄鸡。嘴、足、皮、毛全黄者佳，重数斤，能治疾。"清康熙十二年（1673）《嘉定县志》又载："三黄鸡，喙、距、皮皆一色，重至九斤，故又称九斤黄，味极肥嫩；雌鸡将生子呼童子鸡，又取雄鸡重一斤五六两者，夏月阉治，可至六七斤，名捐鸡，又名镦鸡；童子鸡嫩而镦鸡肥，二种之味，甲于海内。"可见，至清代才有九斤黄之名，并从沪西发展到浦东，所以九斤黄又有浦东鸡之称。1843年、1846年，九斤黄先后被引入欧美等国，由于它体躯硕大，体宽胸深，肌肉丰满，因而被称为"世界肉用鸡之王"。因为九斤黄多从上海输出，所以西方又称九斤黄为上海鸡。九斤黄被引到西方之后，主要作改良和培育新品种用。近代世界上著名的蛋肉兼用型品种如横斑洛克、黄色洛克、洛岛红、洛岛白、银色和黄色维昂多特等都以九斤黄为主要亲本杂交培育而成。可见，九斤黄对世界鸡种的改良和新品种的育成，曾作出过重大的贡献。①

　　不过，今日同属上海地区，浦东三黄鸡与大场三黄鸡在品种上可能是有所区别的。大场人张荫祖在1960年代编纂的《大场里志》卷一谈道："鸡之本地生产的，其名就叫大场鸡，还有浦东鸡。小鸡来自浦东一带孵坊，鸡种不大，因蛋用火孵的，故其名又叫火炙鸡。又有一种浦东鸡，用母鸡孵卵而生的，鸡种颇大，远近闻名。我俚大场一带，由母鸡孵出的小鸡，鸡种亦大，就是出名的大场鸡。"该书又引了《俚编遗传话》，说："大场骆家鸡，九斤黄，黑十二，芦花十八，酱廿四。"镇上有位骆姓的，"养鸡颇讲究，故出大种鸡"。

---

　　① 参见《九斤黄》，https://www.zsbeike.com/cd/40671074.html.

"九斤黄"

这户人家专挑大母鸡生的大鸡蛋孵育，"因之鸡种更其壮大了"。照此看来，大场三黄鸡到民国时，仍有一定量存在，在培育上有一定的讲究。而同时浦东的三黄鸡种在向外扩散，进入了大场的市场，但人们认为，同样是号称九斤黄，大场鸡和浦东鸡是不同的两个品种。①

　　白切鸡这道菜肴起源于广东，在南方菜系中普遍存在。粤菜的白切鸡形状美观，皮黄肉白，肥嫩鲜美，滋味异常鲜美，十分可口。肉色洁白皮带黄

────────────

① 参见张剑光《上海的三黄鸡最早出产于嘉定，浦东将其发扬光大》，《澎湃新闻》2018年5月24日。

油,具有葱油香味,葱段打花镶边,食时佐以芥末酱或特制酱油,保持了鸡肉的鲜美、原汁原味,食之别有风味。

迎园饭店将九斤黄白斩鸡做出自己的上海特色。与广式白切鸡最大的区别在于:广式白切鸡要把鸡在文火中煮大约 20 分钟,然后放冰水冷却。而“迎园”的做法是,煮开一大锅水,关火,然后把鸡放到锅中焖 25 分钟,再把鸡放到冰水中冰镇。至于前期去腥、后期调味则与广式白切鸡大同小异。另外,“迎园”名菜“上海白切鸡”在选料上有一定讲究,一般都会选用小公鸡,以免鸡肉太“柴”。

上海白切鸡

顺便提一下,迎园饭店(嘉定县人民政府第一招待所)成立于 1959 年,正是嘉定初归上海之时。这道菜虽然冠名“上海”,但实际上却是“嘉定”的。当时,几乎所有嘉定人都有成为上海人一员的迫切意愿,纷纷拿出自己最好的东西冠名“上海”。所以,名称上越是傍上“上海”,本质上可能越“嘉定”。

十、熟醉蟹（迎园饭店）

醉蟹分为生醉和熟醉。生醉即选用鲜活、大小均匀的螃蟹，简单处理后用高度黄酒去污和杀菌，然后放入醉料中生腌而成。熟醉即选用鲜活、大小均匀的螃蟹，经过熟处理后加入醉料加工而成。根据调料的不同，又分为红醉和白醉。[①]

醉蟹有红醉蟹和白醉蟹。蟹不同，做好的成品口味会有些差异。醉蟹按制作则分生醉法和熟醉法。宁波一带喜欢海蟹，而江苏和上海喜欢用湖蟹。熟醉蟹在江浙一带的"生命力"并不强，大部分地区都采用生醉的方法制作醉蟹。但嘉定却是例外。

熟醉蟹以大闸蟹为主要材料，加以卤料烹饪而成。选料时需挑选鲜活饱满、大小均匀的大闸蟹。先隔水蒸熟，然后将自然凉透的大闸蟹完全浸泡在秘制醉卤中封存，一段时间后，就可以尝到极具风味的熟醉蟹了。食用时，从容器中取出，对半切开即可。成品色泽晶莹诱人，打开蟹壳，黄肥膏厚，酒香馥郁，肉质鲜嫩，香甜芬芳，唇齿留香。熟醉蟹食用的最佳时期是二十天之内，长则越浸越咸。放进冰箱冷藏则可增加几分风味。

大闸蟹，吃的是"鲜味"。相对于海蟹，大闸蟹个头不大，肉段也不厚，但是不论是清蒸还是与其他食材混炒，它的鲜味始终如一，这也就给了烹调熟醉蟹充分的想象空间。成品的口感如何与大闸蟹的品质密切相关，但灵魂还在于秘制醉卤。醉卤用黄酒、生抽、花椒、陈皮、姜片等十几种调味料调制而成。螃蟹性寒，醉卤中的黄酒、姜片等恰好能巧妙化解，一酒一蟹、一温一寒，便不用再担心胃凉或不适。[②]

---

① 参见百度百科。

② 参见赵一苇《一道熟醉蟹，一座海派城》，《东方城乡报》2020 年 12 月 10 日。

熟醉蟹

　　迎园饭店这道熟醉蟹最初与众不同的地方,在于使用了嘉定酿造厂的文玉陈酒,一来保证香度,二来延长醉蟹的新鲜度。后来嘉定酿造厂没有了,迎园饭店只能从市面流行的产品中挑选上好的花雕。

十一、水果土豆沙拉（佳露西菜社）

　　土豆沙拉，一般称作上海沙拉，做法通常是用切丁的煮熟马铃薯和切成了小方块的红肠，以沙拉酱拌匀，再配以碎胡萝卜末、豌豆丁等，突出色彩的对比。现在，上海沙拉所用的酱汁，都是能在超市购买到的现成沙拉酱。然而，更为精致的做法，是将沙拉油、蛋清、蛋黄酱，进行长时间的搅拌，这样人工调制出的沙拉酱入菜更有海派西餐的味道。土豆沙拉看似平凡，其实很难做，最关键是土豆的口感，还有酱料。土豆沙拉吃起来界于"块"与"泥"状之间，口感非常细腻。

　　上海沙拉是一道携带历史记忆的上海菜，是开埠时代华洋杂处的产物。它与罗宋汤、炸猪排等等一起构成上海人家家常菜单中"洋派"的一部分。上海沙拉是西餐特有的改良版本，根本看不见绿色叶子，而是将煮熟的土豆

水果土豆沙拉

和苹果切成小方块,加一些煮熟的豌豆粒,还有同样切成小方块的红肠,最后用沙拉酱拌在一起。

上海沙拉的母本是比利时法国裔的俄国菜厨师卢锡安·奥利维耶在19世纪发明的,是一道由豌豆、土豆、胡萝卜和蛋黄酱组成的菜品,风靡欧洲后被称为"奥利维耶沙拉"或"俄罗斯沙拉"。

四十年前嘉定佳露西菜社的水果土豆沙拉,是上海沙拉的改良版,或可称为俄罗斯沙拉的再改良版。与主流的上海沙拉相比,加入了橘子丁、香蕉丁、番茄丁和黄瓜丁等,口感更为丰富。1979年佳露刚开张时曾经于每天下午供应"沙拉面包",每只售价仅1角。就是将汉堡面包切开,放上中午未售出的水果土豆沙拉。

十二、虾仁杏利蛋（佳露西菜社）

　　欧姆雷特蛋（Omelette）又称西式煎蛋卷、欧姆蛋。上海人则用上海话将其称为杏利蛋。杏利蛋发源地为法国，在平底锅内加进蛋汁煎到凝固，中间放些馅料，例如火腿、芝士、豌豆、玉米、胡萝卜丁、洋葱丁等，也可以不放馅料，再将煎好的圆形蛋饼对折成半圆形即可。在国外，杏利蛋是一种极其常见的早饭形式，类似于西班牙蛋饼。

　　不过，谁也没规定过杏利蛋只能拿来当早餐。1980年代佳露西菜社受中式菜肴虾仁炒蛋的启发，开发了一道"虾仁杏利蛋"。虾仁和鸡蛋都是高营养食材，富含蛋白质、钙、锌等人体所需的微量元素，特别适合正在长身体的青少年。因为名称起得洋气，加上有着中式菜肴"虾仁炒蛋"不可比拟的外观，所以虾仁杏利蛋是当时上海科大学生除传统炸猪排以外到佳露西菜社最喜欢点的一道"高档菜"。

杏利蛋

十三、酱肉排（科大小食堂）

1970 年代末至 1980 年代，上海科学技术大学"小食堂"的酱肉排在嘉定城中远近闻名，最早不仅作为食堂的菜品，也对附近的居民开放供应，只要你能堂而皇之进入校园。当时大学校园的保安比较松懈，只要不是骑着自行车直接往里面闯的，一般都予以放行。不过，70 年代和 80 年代还是有区别的。70 年代时，小食堂的酱肉排每周只烹制一次，听当时住在科大附近的居民说，每到小食堂供应酱肉排的那天，他们都是一大早提着锅子去买的。好在七七届及以后几届的学生都生活拮据，没几个人吃得起大鱼大肉，否则一定会闹将起来，限制非本校师生去"小食堂"和他们抢食。80 年代起，小食堂和大食堂的酱肉排菜底几乎每餐都有供应，售价 2 角 5 分，介于狮子头菜底或走油肉菜底（售价 2 角）和大排菜底（售价 3 角）之间，因为酱肉排味道虽好，但骨头偏多，很多科大同学觉得没有实实足足的狮子头、走油肉和大排来得实惠，所以小食堂酱肉排并非供不应求。

小食堂酱肉排的主料为梅山猪的三夹精草排。这种草排，一头梅山猪身上只有七八斤，它的特点是肉质细嫩。调味料是极为讲究的，需要用嘉定酿造厂的黄豆酱油（前身是文玉和酱园的文玉酱油）和陈酒（老厂黄酒），还有绵白糖、葱、姜、茴香、红曲米、桂皮、香叶等。50 千克生的草排，要加酱油 6 升、绵白糖 500 克、黄酒 1500 毫升，用文火烧两个小时，最后制得 30 千克出头点的酱肉排。烧煮时少水，火力上则采用先猛火、后文火的方法，制成品的特点是红润鲜亮、软烂咸香。这种菜也只有当初的大学食堂可能制作，因为成本极高，可谓卖得越多亏得越多。

小食堂酱肉排在烹饪方法上和无锡肉骨头类似，但在调味品的选料上讲究嘉定特色，没有浓重的偏甜口味。

可能因为酱油、黄酒和梅山猪肉的关系，科大小食堂、大食堂的大排和

酱肉排

酱肉排味道都非常好。相对酱肉排的干香而言,红烧大排是极为软嫩的。一般就餐者或者买肉排菜底,或者买大排菜底,没有奢侈到一次吃两样的道理。不过,笔者却有过一次将两者结合在一起享用的经历,原因不是太有钱,而是太没钱。一日傍晚,接近食堂关门时,与另两位同学一起站在小食堂售卖红烧大排的窗口前,等着菜盆中最后一两块大排被售出,因为最后盆底的碎屑按规矩可以折价到5分。食堂服务员见我们三个人,加起来却只有五分钱买荤菜吃,便主动把酱肉排的盆底碎屑也给了我们。两种酱香、两种口感竟混合得恰到好处,可谓"神作"。笔者那天关注的是肉食品,道谢之后没记住这位小食堂服务员的长相,但知道他一定是住在城中区域的嘉定人。

十四、白切羊肉（科大小食堂）

　　科大小食堂虽然是 1980 年代上海科大三个食堂中最小的一个,但却设有独立的熟菜间。熟菜间售卖一种很香的白切羊肉,有细嫩滑爽的独特口感。脂肪吃起来是粉质的,毫无油腻感。至于那羊汤凝结而成的肉冻,称得上是小食堂白切羊肉的醍醐味,羊肉的鲜美滋味全都浓缩于此。笔者现在是美食撰稿人,隔空猜想这一醍醐味很可能来自太仓陆渡的山羊,而非江桥的湖羊。西门地带的白切羊肉摊,清一色选用陆渡山羊。熟菜间的师傅会给白切羊肉配上蘸酱,虽然不可能是黄晖吉酱园的,但却有着地道的嘉定西门风味,估计是哪位酱园的老人教会了小食堂的厨师。

白切羊肉

　　制作白切羊肉用食堂的灶台大锅煮最为合适,通常选择羊的整个后腿来制作,而嘉定西门地区都非常青睐选择陆渡镇的野生山羊。将八角丁香、桂皮、花椒、茴香、陈皮装在香料袋中同煮,这样在烧煮过程中不仅能去除膻味,同时使得汤汁更清澈,没有调料中的杂质。待大火烧开之后,再用小火慢炖一个半小时。

　　白切羊肉入味有一个秘诀,就是使用陈汤。1970 年代末,嘉定卫生部门禁用陈汤的政令,使得西门地区白切羊肉摊的风味大减。小食堂因为在大学校区内,很可能不受约束,而将这种白切羊肉的制法原汁原味地保留了下来。不知现在的上海大学宝山校区是否有哪个食堂仍然有西门味的白切羊肉供应,以承载老一代上海科大师生对旧时年代的缅怀。

十五、清蒸大排（科大大食堂）

　　科大小食堂、大食堂都以精制的猪肉类菜肴为特色。大食堂除了有和小食堂味道不相上下的酱肉排以外，还有红烧大排、干煎大排和清蒸大排三道招牌菜，十分符合其作为科大食堂老大之地位。其中清蒸大排最为特殊，据说这道菜是当时大食堂为生活水平较高的教师烹制的，味道清淡且不油腻。排骨是用盐、黄酒、鸡粉、白糖调味，再加生粉、麻油拌匀腌渍过的。这样蒸好的大排起锅后，汤水像是用淀粉勾了芡。服务员夹块清蒸大排给用餐人后，一般会再给一勺汤汁，这样菜底也就有了很浓郁的滋味。

　　以上描述来自当年在科大数学系任教的青年教师。笔者当年最不怕的

清蒸排骨

就是油腻，所以对清蒸大排一类"贵族"菜肴抱有敬而远之的态度，不太可能设想一份清蒸大排菜底可以过下去四两干饭。现在根据以上昔日青年教师的描述判断，这是大食堂某位厨师按照常熟蒸菜的方法而开发的一道大学食堂菜肴。

常熟蒸菜包括汤蒸、粉蒸、扣蒸、干蒸、包蒸等多种"蒸功夫"。清蒸排骨在常熟其实是一道汤蒸菜，注重汤水。外观上汤汁清淡得跟白开水一样，但却是用老母鸡、火腿和猪骨一起熬制几个小时的高汤。

笔者不太相信大食堂的清蒸排骨会使用高汤。不过，其用料之讲究则是无疑的，譬如必选梅山猪肉、老厂黄酒等。清蒸简单，却也最挑食材，食材若不新鲜，清蒸便有腥臭味，令人无从下箸。

西门篇

嘉定城西门（张定山摄于 1958 年）

西门絮语

西大街,古城嘉定的发源地,是西门的标志和核心。西大街周边有护国寺、善牧堂、顾维钧故居、吴蕴初故居、吴宗濂故居、西溪草堂等名人故居和文化遗存。

1867 年,嘉定城西门城墙([英]亨利·坎米奇摄)

嘉定西门古称"练祁市",距今已有一千五百多年历史,是嘉定城市之母。"几簇人家烟水外,数声渔唱夕阳边"(宋吴惟信《泊舟练祁》),练祁市的得名,与嘉定一条古老的母亲河——练祁河有关,"练"是洁白的丝绸，"祁"是大的意思，宽阔而清澈练祁河犹如一匹洁白美丽的绸缎，故名"练祁"。练祁河又称"练溪""练江""练川"，她穿境而过，如歌如诉地向东流淌，奔向大海，此地也因练祁而得名为"练祁市"。"日中为市"，在古代，"市"不是今日城市的概念，而是买卖货物的场所，即集市的意思。练祁市何时得名已不可考。但可以肯定的是早在南朝萧梁时期，练祁市因护国寺而成市。①

以练祁河为中心，西门两岸有近千户枕河而居的人家，练祁河之南称"西门外小街"，练祁河之北称"西门外大街"，呈现出"小桥流水人家"的江南美景。

1958 年，西门外练祁河两岸风光（张定山摄）

旧时嘉定西门城外狭窄的街道上，商铺参差相邻，不太宽阔的外城河里漂浮着首尾相连的木排，其中还有大小船只来往穿梭。嘉定西门为米商荟萃处，大街上除了鳞次栉比的货铺，便是肩挑挎篮的人群，一派生机盎然的繁忙景象。

西大街西起侯黄桥，东至西门吊桥。这条总长不过九百余米的弹硌路，

---

① 参见练川生《风雨沧桑话练祁》，《嘉定报》2022 年 3 月 30 日。

不仅承载了几代嘉定人的记忆,还曾是条充满烟火气的美食街。20 世纪上半叶,西大街曾有不少饭馆(摊),虽然没有特别著名的百年老店,但是饮食店铺却一直遵循推陈出新、花色繁多的传统。在那里既有"南米北面"风味不同的饭店和面馆,也有"南甜、北咸、东酸、西辣"口味各异的小吃。知名的老店有蔡家馆、胜芳斋、娄家馆等,虽然门面不大,但是它们却能抓住顾客的胃口,并随着季节变化,推出新鲜可口、花色各异的菜肴,逐渐形成自己独特的风味。①

蔡金生开设的蔡家馆,店址就在护国寺路东,那里的店铺鳞次栉比,市口热闹。蔡家馆坐北朝南,店面不大,仅能容纳四张桌子。最著名的特色菜"拖烧",采用处理好的猪大肠,来回套叠加工制成冷盘,色、香、味均属上乘。该店的炒蟹粉由于烹制时注重选料,调制可口,受到食客的欢迎。蔡家的面条更以细、白、韧,下锅不糊闻名,人称为"蔡面"。该店的羊肉面、鳝丝面、爆鱼面等,浇头货真价实,每碗均做到量足汤鲜,故吸引了许多回头客。冬令时节,蔡家馆的红烧羊肉、白切羊肉、原汤羊肉面,一直为人称道。蔡家馆的东邻西牲号酱园供应黄酒、酱瓜等,常有熟客依着大柜台,买几样蔡家馆的菜肴,或者就着酱瓜品酒,成为西大街的一景。

护国寺路西的胜芳斋,店面坐西朝东,楼下是加工处,楼上可容纳五六张桌子。胜芳斋虽然不大,但由于利薄质优、花色繁多,以炒菜和冷盆精致入味为长,除鸡、鸭什件等等下酒菜外,因附近有蒋斯雅开的鱼行,河鲜新鲜,品种繁多,可以就近取材,颇受人们欢迎。

护国寺街西面的高升馆(俗称娄家馆,业主娄顺和)位于西门外大街,店面南依练祁河,楼上有四张桌子,楼下有五张桌子,以炒干丝、肉末豆腐、素什锦等大众菜为主,价廉、量足,满足顾客的需求。西门外还有吉永馆、姜家馆等,均以家常菜肴为主。每年时令菜上市时,店家均会拿出独家本领竞争,春季随着刀鱼、鲥鱼、带鱼、黄鱼先后上市,商家也不失时机地购买囤积大批黄鱼储存,胜芳斋的醋熘黄鱼、雪菜黄鱼,成了该店的招牌菜。

---

① 参见《嘉定 800·西大街饮食旧事》,北京:五洲传播出版社 2018 年,第 217—218 页。

西大街还有不少熟食店铺和摊贩,陈连生家的卤菜,常年供应各种猪、羊、牛的头尾、下水(内脏),卤制的猪头肉和猪肝,更是芳香扑鼻,是经济实惠的下酒菜,广受欢迎。小店用白铁皮打制的"签筒"加热黄酒,在冬天里是驱寒的绝妙佳品,至今仍在一些老人的记忆里留有深刻的印象,后来陈连生改行贩销米粮,小酒店就歇业了。华庆鲜肉豆腐店门前的白切羊肉摊,选自陆渡的山羊肉,入口肥而不腻,细嫩滑爽,生意也十分兴隆。

每天的早点是西大街饮食店和摊贩一天的重头戏,许多店铺供应豆浆、白米粥、糍饭团、汤圆、馒头和大小馄饨,小馄饨每碗有 20 只,业者用竹片刮些肉馅在小而薄的皮子里(每斤有 160 张皮子),味道十分鲜美。上林春茶馆附近的大饼油条铺,业主来自苏北,油酥大饼味道类似黄桥烧饼。"湖广店"(俗称腊家馆)由一对湖北籍老年夫妇经营,专售水磨汤团,粉做得细、白、糯、滑,有豆沙馅、肉馅。西下塘街东面有专售梅花糕和海棠糕的店家,这种创制于清代的点心,由特制的模具烘烤而成,因糕形似梅花、海棠花的外形而得名,是江南风味小吃,每天有不少顾客前来品尝。其他点心还有:粢饭糕、油撒、羌饼、油墩子、麻球、豆沙团、糯米糕等,甚至还可以吃到肩挑出售的豆腐花。

至于端午的粽子、重阳佳节的猪油重糖糕和中秋的月饼,是护国寺地区饭店和南货店节日里推出的应时礼品,其中朱正昌茶食店和周惠民家的丰茂长南货店,在端午节和中秋节,都要在粽子和月饼的花色和质量上进行比拼。朱正昌茶食店的资金雄厚,货源充足,有"十个丰茂长,及不上一个朱正昌"的流传。①

笔者不说整个嘉定城区,而说西门地区,是因为西门和州桥实则是以练祁河为纽带的两个小型城市。西门地区古称"练祁市",迄今已有 1500 余年历史,约为 800 年嘉定历史的两倍。州桥有孔庙,西门有护国寺。西门地区的嘉定人作为地理概念上的南梁后代当然对州桥的"嘉定之根"之说表示不

---

① 以上参见《这条 900 多米长的弹硌路,原来还是条美食街》,《新闻晨报》2021 年 10 月 6 日。

服。北宋时,练祁市内有大型居民聚落——赤莲里,这一聚落就在今天的西大街一带。南宋嘉定十年,嘉定建县后,始有州桥。不过,若纯以血脉而论,笔者认为以上争论并无意义。

西门地区的著名历史人物不少,名气最大的可能首推被誉为"民国第一外交家"的顾维钧(1888—1985)。顾维钧97岁时在美国寓所里手书两句诗——"露从今夜白,月是故乡明",他将这幅书法遥赠嘉定博物馆。晚年的他在和孙辈玩耍的时候,会告诉孩子们记忆里的家:"我记得,嘉定城中古老的法华塔、江南最大的孔庙、城西门的顾家老宅,以及家乡的塌棵菜和罗汉菜。"罗汉菜曾获得过海牙博览会金奖,是嘉定南翔和马陆地区的野菜,几近绝迹,最近几年才在嘉定区农委的重视下人工种植成功。罗汉菜口味清爽,微苦而有回甘,有一股淡淡的清香。以罗汉菜为食材的菜肴肯定是嘉定地区独有的,顾维钧懂得什么才是真正的家乡味道。①

顾维钧像(分别摄于1927年与1945年)

---

① 参见沈轶伦《似是故人来·第5章　顾维钧在嘉定:月是故乡明》,上海文艺出版社,2021年版。

西门地区另一位名头比较大的历史人物是明代学者唐时升（1551—1636）。唐时升受业于归有光（1506—1571），工诗文，善画梅。家境贫寒，然好助人，人称好施与。与娄坚（1554—1631）、程嘉燧（1565—1643）、李流芳（1575—1629）合称"嘉定四先生"，又与里人娄坚、程嘉燧并称"练川三老"。因唐时升爱梅，故其当年的居住地被称为"梅庵"，在今天嘉定镇西北角的梅园新村内。梅园新村因梅庵而得其名，可见文化名人对地方的影响力。

清沈韶绘《三人像轴》（中坐者唐时升、前立者程嘉燧、后立者李流芳，北京故宫博物院藏）

让今天嘉定人知道唐时升的,不是他的诗文,也不是他的梅庵,而是一道嘉定人家每年正月十五都会烹制的家常菜,名曰"贺年羹"。"贺年羹"的烹制非常简单,就是将过年时尚未吃完的菜肴全部倒进锅中煮一锅大杂烩,用米粉勾芡,是一道糊腻羹,谐音"贺年羹"。这道菜"被发明"到唐时升身上,可能是因为唐时升家比较穷,可以理解成嘉定人的自嘲,从未见于正史。但饮食故事就像爱情故事一样,借用汤显祖在《牡丹亭·自序》中的一句话,叫"何必非真"。

罗汉菜和贺年羹虽然是嘉定的原创,但罗汉菜的特点是清香、微苦,贺年羹的特点是苦中作乐,它们都不能代表真正的"嘉定之味",因为不符合中国菜以酱香为要的主流。嘉定传统菜的灵魂,一定在它的酱香上。

民国时期的报纸上,嘉定西门本土产品晖吉酱园(练西黄氏家族所创,后习称"黄晖吉酱园")的广告经常出现。其中有"金蝶牌"白玫瑰酒、美味五香糟油、精制郁金香酒、双套露油(又名"飞鹰牌"酱油)、"白鹤牌"天花粉等各色酒类和调味品。在当时,黄晖吉酱园的名气很响,西门地区几乎人尽皆知。一般酱园规模大的有六作(坊),即:酱作、酒作(黄酒)、吊坊(白酒)、醋作、水作(乳腐)、酱菜作。黄晖吉酱园六作(坊)俱全。黄晖吉酱园位于嘉定镇西门外下塘街护国寺前香花桥南堍,当地人俗称为"小街"。据传,酱园常常会飘出阵阵香气,半条街都能闻到。

黄晖吉酱园所产的"飞鹰牌"酱油,精选东北大连优质大豆,自然发酵,多年陈酱制作,酱清汁浓,鲜香适口,咸度适中。其另一款招牌产品"白鹤牌"天花粉,以本地野生栝楼(俗称杜瓜)的根为原料,磨浆沥清,再以清水反复漂净、沉淀粉状物,去苦水,沥干成白色固体状,成品色泽洁白如雪,味甜爽口,性温清补,冲调方便,有滋阴补阳的功效,为嘉定一绝。

1911 年,意大利都灵举办世界博览会,嘉定人吴宗濂任中国政府代表团团长,极力推介中国产品,也不忘将家乡产品带往世博会,黄晖吉酱园的"飞鹰牌"酱油获金牌奖,"白鹤牌"天花粉获银牌奖。至此,黄晖吉酱园在海外也有了一定影响力。

"金蝶牌"白玫瑰酒,选用丹阳、金坛、无锡、溧阳等地的优质糯米,用天

1930 年代,晖吉酱园户外广告(徐征伟供图)

津高粱、玫瑰花浸酒吊露,再加适量的白糖制成,具有质地醇厚、吃口香、回味甜、酒度适中的特色,1915 年巴拿马万国博览会获银牌奖,名噪一时。在1924 年前后经营鼎盛时期,产品销至邻县、上海市区、北京等地,还远销至东南亚各国。另外,黄晖吉酱园的美味五香糟油以 10 种中草药合成,亦广受好评。

　　1950 年代,黄晖吉酱园结束了它辉煌的"一生",但它的酱香、酒香与糟香至今仍袅袅地徘徊在西门一带老嘉定人的脑海中。①

---

　　①　酱园掌故参见陶继明《"金牌"酱园问鼎世博》,《嘉定报》2009 年 12 月 8 日。

说起调味品，恐怕没人能够回避得了味精。味精虽然不属于传统的"嘉定之味"，但中国最初的味精却是由出生于嘉定西门的吴蕴初研制的。1920年代初，十里洋场上海滩，外货倾销，到处是日商"味の素"的巨幅广告。吴蕴初发出了为何我们中国不能制造的感叹，便买了一瓶回去仔细分析研究，发现"味の素"就是谷氨酸钠，1866年德国人曾从植物蛋白质中提炼过。吴蕴初就在自家小亭子间里着手试制。经过一年多的试验，终于制成了几十克成品，并找到了廉价的、批量生产的方法。1923年吴蕴初与人合伙建立"上海天厨味精厂"，当年味精产量达3000吨，获北洋政府农商部发明奖。1926—1927年间，为了进一步保障味精的产销，"天厨"在中国驻英、法、美三国使馆协助下，先后取得这些国家政府给予的产品出口专利保护权，开中国轻化产品获得国际专利之先声。继而又办妥了进入这些国家的食品入境卫生检验手续。吴蕴初由此成为闻名遐迩的"味精大王"。①

根据嘉定区"十二五"规划，西大街被定位为"历史街区复兴"，将建设成"以名人文化和民俗体验为特色，集商业、休闲、创意为一体的鲜活生动的历史街区"。希望政府部门能考虑到保护性修复的应该不仅仅是建筑风貌，还有流传了数百上千年以上的民俗风情与餐饮文化。人们期待着凤凰涅槃、浴火重生后的西大街、西门，能承载往昔的光荣，再现美丽的倩影。

吴蕴初与爱女志莲合影（1951年）

---

① 参见百度百科。

一、拖烧（蔡家馆）

蔡家馆的看家招牌菜"拖烧"是今人都知晓的"红烧圈子"。其实，"拖烧"究其本源并非菜肴，而是一种烹饪工艺。这种工艺在中国菜中极为平常，就是"水导热制熟法"中的"烧法"。将原料经炸、煎、煸、焯等预热加工后，入锅加水再经煮沸、焖、熬浓卤汁三阶段，使菜品软烂香醇而制熟的过程即为"烧"。在加热的三阶段中，煮沸是提温，焖制是恒温，熬制是收汤。"烧"的取料十分复杂而广泛，风味厚重醇浓，色泽鲜亮，在成菜的卤汁上，要求"油包芡，芡包油"。这种多重的对火候的控制反映出烧法熟制过程的曲折变化，是中国烹饪由来已久的热加工方法之一。

嘉定传统菜无意于自创菜系帮派，不会将这种中国甚至全世界范围古已有之的"烧法"，装扮成什么"自来芡""几笃几焖"等，然后奉为圭臬，将其定义为自己帮派独创的核心技法。不知道本帮菜是以何等气魄拿着"自来芡"去申遗的，又是向谁去申遗的？

人类经由实验和观察，发现烹饪能造成生化性质的变化，改变味道，使食物易于消化。肉是人体最好的蛋白质来源，只是生肉实在含有太多纤维，也太强韧。烧煮可以使得肌肉纤维中的蛋白质融化，使胶原变成凝胶状。如果是直接用火烧烤，那么在肉汁逐渐浓缩时，肉的表面就会历经类似"焦糖化"的过程，因为蛋白质受热会凝结，蛋白质链中的氨基酸和脂肪中含有的天然糖分，就会产生"美拉德反应"（"焦糖化反应"）。"美拉德反应"生成"自来芡"的芡汁，法国菜将生成"自来芡"芡汁的过程称为 glazing，将收芡汁的过程称为 deglazing。

可能蔡家馆认为自己用"烧法"工艺烹制的最好一道菜就是红烧大肠，所以就用烹饪工艺的名称直接命名这道菜肴了。在烧法前加上"拖"，应该是对手法细节的说明，"拖"的目的是勿使其粘底。这就好比中国瓷器工艺

的"拖底烧",如果不能"拖底",瓷器就会烧结在窑具上,拿不下来了。无独有偶,glazing 的原始意思正是"上釉"!

拖烧

从蔡家馆"拖烧"菜名上,还能发现一个问题,便是这道菜和上海没什么关系,确切地说是和本帮菜、老正兴等没什么关系,推而广之则是早期嘉定传统菜肴根本不受上海的影响,否则蔡家馆没有理由不使用老正兴大红大紫的"红烧圈子"之名。

另外,即便是老正兴的"红烧圈子"也和本帮菜没有什么关系。因为开创于同治元年(1862)的正兴馆最早是一家苏菜馆,而老板祝正本和蔡仁兴都是宁波人。当时没人知道有"本帮"这个名称,也不会异想天开地去三个"本帮菜发源地"引入他们的乡下老八样来适得其反地讨好上海人。老正兴对"红烧圈子"的贡献不在这道菜的制法上,而在名称上,将"直肠"或者"肥肠"命名为"圈子",体现的是饮食文明。

据商务印书馆 1925 年出版的《上海指南》记载,当时上海"酒馆种类有四川馆、福建馆、广东馆、京馆、南京馆、苏州馆、镇江扬州馆、徽州馆、宁波馆、教门馆之别",可谓美馔杂陈,帮派林立。书中列举的各帮酒馆中共有 82

家之多,而且大多集中在公共租界的大马路(南京路)、二马路(九江路)、三马路(汉口路)、四马路(福州路)、河南路等核心地带,关于老城厢内饭店酒楼的情况语焉不详。请读者诸君注意,编者居然没有提到本帮馆,这肯定不是选择性疏忽。当时,后来有本帮菜四大金刚之称的老正兴、德兴馆、荣顺馆(老饭店)、同泰祥都已经开业,从菜式上来说比较接近上海人认同的苏菜和徽菜,和那些乡下老八样没啥关系,所以笔者有个大胆推测,所谓的"本帮菜"及其三大起源都是今人生造出来的。

如果硬说有本帮菜,那么本帮菜的兴起最早也在1930—40年代之间。创建而非抄袭的各道名菜屈指可数,比如"虾子大乌参""青鱼秃肺""草头圈子"等。

将"红烧圈子"这道徽菜或苏菜变为本帮菜"草头圈子"的不是哪家饭馆、菜馆,而是一位特殊的食客——他便是穿一袭中式长袍曾在上海滩风光无限的"青帮大亨"杜月笙。汁厚芳醇的红烧圈子,缀在碧绿油润、软柔鲜嫩的草头上,据说是来自杜老板的突发奇想!

草头圈子

二、炒蟹粉 (蔡家馆)

　　根据《唐韵》"蟹，今俗称螃蟹"的记载，可知"螃蟹"之名是唐代以来的俗称。而嘉定话单称"蟹"，是保留着唐代以前的语言习惯。由此可见，嘉定方言在一定程度上保留着唐代以前的某些文化遗韵。

　　今人所称的"大闸蟹"其实应该叫作"大煤(zhá)蟹"，清人顾禄《清嘉录》卷十中有"煤蟹"条记载："湖蟹乘潮上篰，渔者捕得之，担入城市，居人买以相馈，或宴客佐酒。有九雌十雄之目，谓九月团脐(雌)佳，十月尖脐(雄)佳也。汤煤而食，故谓之'煤蟹'。"只是后来因为"煤"字生僻而改做吴语中同音的"闸"字。煤的意思是用水煮，就像"白煮蛋"，上海人叫作"白煤蛋"。把蟹放在水中煮熟，叫作"煤蟹"。萝卜青菜，玉米花生，鸡鱼肉鸭，也都可以

大闸蟹(J. Patrick Fischer 摄于 2008 年，源自维基百科 3.0)

"煠"。所以大闸蟹之称，只有当它入过汤镬，穿上红袍，当作人们盘中餐时才是准确的，鲜活的毛蟹是不能叫作"大闸蟹"的。

过去，嘉定河滩泥涂中生活着一种小蟹，谓之"沙里钩"。其身体只有铜钱一般大小。壳青肉厚，一见响动即钻入泥沙中。若想捉到它，必须把它从沙里钩出来，所以叫"沙里钩"。钱大昕有诗曰："渔灯横照绿波明，插藕编蒲岸岸平。沙里钩来乡味好，绝胜糖蟹与糟蛏。"从前捉"沙里钩"多是农家孩子的勾当。捉到后略为漂洗一下，用酒浸泡一周左右，便制成早晨吃粥时的佐餐品。

河沟中的蟹是嘉定人餐桌上的寻常小菜。五、六月份的蟹尚未蜕壳，比较小，适宜做"面拖蟹"。活蟹洗清后一切两半，拌上面糊，略加些葱姜盐花炒熟即可，十分鲜美。加上一些毛豆籽则好看又好吃，所以乡间有"忙做忙（即使再忙），不要忘记六月黄"的谚语。

嘉定各处大小河沟中都有虾蟹，最有名的是"杨泾蟹"。杨泾位于今马陆镇的东侧，老嘉定回忆当年的"杨泾蟹"味之鲜美，不亚于今日之"阳澄湖大煠蟹"（今多记"大闸蟹"）。所以钱大昕说"杨泾蟹最美"，钱大昕也有诗专门称赞杨泾蟹："巨螯团脐认雌雄，手缚寒蒲教短童。颇羡杨泾老渔者，一年活计苇萧中。"甚至有人认为，捉蟹的蟹簖称"沪"，这就是上海简称"沪"的由来。

除了"面拖蟹"，更主要的是煠蟹和蟹粉。老吃客吃煠蟹，先把一只只爪和螯扳下来，然后掀开蟹壳，朝天放在桌上，在壳内倒入拌有姜末白糖的镇江醋，再剥蟹肉蘸醋细细品味。考究的吃客，剥蟹用"蟹八件"，蘸料滗取原酱之汁兑入白糖姜汁，味更鲜美。吃完蟹后，把一对蟹螯的爪子掰下来，趁湿对拼贴在墙上，酷似一只蝴蝶，叫作"蟹蝴蝶"。雌雄大小的蟹螯，积累一年，在粉墙上可以形成一幅自然的群蝶图。

至于吃蟹粉，味道固然鲜美，可是剔蟹粉是一项颇费工夫的"技术活"。剥出的蟹肉，包括蟹黄蟹油，统称"蟹粉"，可以做成蟹粉肉丝、蟹粉豆腐、蟹粉炖蛋，色香味俱全。调入肉馅，则可做成蟹粉馄饨、蟹粉馒头。[1]

---

① 本文参见陈兆熊《说蟹》，《嘉定报》2011 年 10 月 24 日。

　　拆蟹之前准备好剪刀、蟹扦(或竹签)和擀面杖。将螃蟹冲洗上花笼蒸,当然也用水煮,蔡家馆拆蟹粉的蟹就是煮的,不光煮,拆下的蟹壳还要重新放入煮蟹的汤中再煮成蟹汤用来烧菜。煮蟹要冷水入锅,水沸后继续煮15分钟即可,煮后放凉使蟹黄凝固,这样出成高,蟹肉整蟹黄成块。另外蔡家馆不是头天煮第二天剥的,现剥现炒,因为过两个时辰,蟹肉则干而发腥。

　　炒蟹粉,源自苏州名菜"秃黄油"。秃黄油三个字都有讲究。"秃"是苏州方言"只有"的意思;"黄"指的是大闸蟹的蟹膏蟹黄;油则是猪油。所以秃黄油就是指只用蟹膏蟹黄来拌上猪油的食物。蔡家馆将现拆的蟹肉用蟹油小火慢推,混入姜米和花雕,滴水不加,炒出的蟹粉不干、不油,色香味俱全。每一份都至少要用3斤活蟹。一份蟹粉煸炒片刻,加入黄酒、淋入熟猪油,烹醋推匀起锅。所谓蟹油,是猪板油加入拆下的蟹壳所熬制的油。此菜蟹油肥润红亮,蟹粉鲜香柔嫩,单吃、配菜均可。最好再加一碗白饭相衬,简直人间至味。

炒蟹粉

　　蔡家馆的炒蟹粉之所以能够如此精工细作,还在于历史上嘉定西门地区对比州桥地区在消费层次上低了许多,没几个人吃得起馆子。蔡家馆店面极小,仅能容纳四张桌子。即便满座,厨师也能不急不慌地应付自如。蔡家馆的东邻西牲号酱园,店内供应黄酒、酱瓜等,如果蔡家馆满座,常有熟客买几样蔡家馆的菜肴,依着酱园大柜台佐酒。顾客再多时,蔡家馆伙计甚至会在对面的居民住所(后为联合诊所)内增设座位,最多可放八张桌子。

三、红烧头尾（蔡家馆）

很多人认为"红烧头尾"是一道本帮菜，理由是本帮菜四大金刚之首的"老正兴"有这道招牌菜。其实，老正兴有这道招牌菜恰好说明"红烧头尾"不是本帮菜。老正兴一开始定位于苏锡帮，以前也叫膳帮菜。当然这是一个误会，从学术上说，根本不存在膳帮菜的概念，菜系都以地方命名的，一个"膳"字又能说明所来何处呢？其实它是船帮菜的讹传。这个帮派的风味主要以太湖船菜为底子，进入上海进一步得到丰富。所以老正兴的厨师烹治河鲜别有一功，油爆虾、响油鳝糊、红烧头尾、红烧甩水、松鼠黄鱼、砂锅鱼头、汤卷（以青鱼内脏为食材）等都是拳头产品。①

红烧头尾

---

① 参见《话说本帮菜》，https://www.sohu.com/a/120913867_534720.

那么是否就能据此以为蔡家馆的"红烧头尾"取自苏菜呢？笔者以为两者皆有可能——嘉定在历史上属于江苏省,与苏州、太仓、常熟等地的交通相较上海方便,蔡家馆可以像老正兴一样都受苏菜的影响;而"红烧头尾"既是苏菜的经典菜肴,也是徽菜的经典菜肴。徽菜重油、重色、重火功,讲究的就是火候到位,蔡家馆的"红烧头尾"烹制时需要用小火慢炖,看起来也很像代表性的徽菜。

蔡家馆"红烧头尾"的制法与"大富贵"等海派徽菜馆完全一致,无非用葱、姜、蒜炝锅,烹黄酒、醋,加入酱油、白糖、精盐,添汤烧开,下入炸好的鱼头尾,烧至酥烂入味,生成"自来芡",淋明油出锅。区别在于"矫正味"的不同,蔡家馆有近在咫尺的西甡号酱园和黄晖吉酱园。

四、红烧羊肉(蔡家馆)

嘉定西门地区饭馆的"红烧羊肉",和州桥地区吴家馆、陆家馆、复兴馆等饭馆喜欢用湖羊(绵羊)不同,他们必选用太仓陆渡的山羊肉。即使现在,不少嘉定人每到秋冬,依然保持着去陆渡喝早茶、吃羊肉的习惯。陆渡其地曾是老浏河上从东向西的第六个渡口,故名"陆渡"("陆"同"六")。

不过,去陆渡吃羊肉,吃到的不一定就是山羊肉,因为太仓农家既养山羊,也养湖羊。两种羊肉适合不同的菜肴。

意大利贝苏斯农庄中的山羊(Gianni Careddu 摄于 2018 年,源自维基百科 4.0)

从口感上来说,绵羊肉的肉质软嫩,山羊肉更有弹性。因为绵羊肉的脂肪含量相对多一些,而山羊肉的蛋白质含量相对多一些。山羊肉有明显的膻味,而绵羊肉的膻味会淡很多,这是由于山羊肉脂肪中含有一种叫作 4-甲基辛酸的脂肪酸,挥发后会产生一种特殊的膻味。所以,绵羊肉适合炒菜、涮羊肉;山羊肉适合清炖、红烧、烧烤等。

蔡家馆选用陆渡山羊肉为其"红烧羊肉"的食材,出锅的羊肉色泽红润、肥而不腻、味醇汁浓、鲜香四溢。陆渡地势平坦,水草丰茂,适合山羊生长,并且不喂养饲料,所以山羊肉格外鲜美。

红烧羊肉

至于山羊肉有较明显的膻味,蔡家馆自有妙招,不是像吴家馆、陆家馆那样放红枣,而是煮时放两三个带壳的核桃或几个山楂,另外,开锅后每斤羊肉倒上 9—12 毫升的本地"金蝶牌"白玫瑰酒,不仅去膻,而且提味。

五、炒干丝（高升馆）

干丝，可以是千张，也可以是豆腐皮，还可以是豆腐干切丝。

和淮扬名菜大煮干丝用的是豆腐干细丝、笋丝、木耳丝、鸡丝和燕窝丝的组合不同，西门外的高升馆所炒制的主材是豆腐皮切丝之后的干丝，也称百叶。高升馆店面南依练祁河，老板名叫娄顺和，因此西门一带的嘉定人也称高升馆为娄家馆。和蔡家馆不同，高升馆几乎每道菜都是嘉定家常菜。因为菜肴售价低廉，高升馆深受西门当地乡民和过路农民喜爱，店面竟比蔡家馆大出一倍多，楼上有四张桌子，楼下有五张桌子。①

炒干丝

高升馆炒干丝有多种搭配，可以是韭菜炒干丝，也可以是辣椒炒干丝，还可以是茼蒿炒干丝、芦蒿炒干丝、芹菜炒干丝等，总之都是爽口素菜，应季而食。

---

① 参见章丽椿《西大街饮食旧事》，《嘉定报》2017 年 10 月 31 日。

六、羊杂烩 （高升馆）

　　嘉定旧时州桥的吴家馆和西门外的高升馆于每年阴历七月十六日起，开始宰羊供应肥羊大面，两家饭店的区别在于前者用的是湖羊，后者用的是山羊。

　　每到这时，西门地区居民往往在黎明前就已经成群结队等候开门吃肥羊大面，迟则有向隅之虑。高升馆做的带皮山羊肉，重料厚味，肥美酥鲜。

　　除了羊肉之外，山羊的各个部位以及内脏都能做成美味佳肴。羊脑、羊眼睛、羊腰子、羊肚、羊心、羊肝、羊肾、羊肥肠、羊尾巴、羊脚等都是佐酒下饭的佳肴。高升馆更有一味著名的羊肴，即用锃光红亮的紫铜锅烩煮的"羊杂烩"，红汁浓汤，脍炙人口。

羊杂烩

羊杂烩又称羊杂碎,贵在杂、碎。不杂不碎,吃起来就没滋味。羊的头蹄血肺、心肝肚肠,统统不弃,少了一样,做出来的杂碎便寡淡。洗涤是一道极为精细的活。一副下水往往要洗上十多遍,还得在清水浸泡一阵。这样处理的下水,干净去腻,又有羊杂碎特有的风味。然后用刀切成式样不同的片、块、丝、条、肚、条要切得极细,心肝血肺要搭配匀称。杂碎入铜锅,文火熬烩,还可再配上细粉丝。

嘉定一东一西两家经营羊肉的饭馆,整个冬天无不门庭若市,一直供应到来年清明节,才告收市,期待秋分时分,再度重演肥羊之美。

七、大三元（高升馆）

三鲜汤是以前上海逢年过节必备的一道压轴大菜,但是在嘉定,这道耳熟能详的大菜却有一个特别响亮的名字——大三元。关于这道菜的名称来历,有两种说法。一说是嘉定历史上曾经出过三个状元,所以有菜名为"大三元",有讨口彩之意。还有另外一个解释是"连中三元"的意思,即古代科举考试中三次考试的头一名:乡试第一名称"解元",会试第一名称"会元",殿试第一名称"状元"。

王敬铭像（清程祖庆《练川名人画像续编》）

嘉定文化底蕴深厚,自古以来就有"教化嘉定"的美誉,在科举史上,自然也是占有一席之地的。历史上,嘉定共出过192位文武进士,其中包括了3位状元,他们分别是清朝康熙五十二年(1713)状元王敬铭、清朝乾隆二十八年(1763)状元秦大成以及清朝同治元年(1862)状元徐郙。他们三位各有所长,三人中官位做到最高的是徐郙,曾经官至兵部尚书、礼部尚书。[1]

王敬铭(1668—1721),嘉定历史上的第一个状元,是今马陆镇戬浜人。祖居因为有高大的楼房、宽

---

① 参见《嘉定历史上出过多少位状元》,资料来源:嘉定博物馆。

广的庭院，在当地留下了"王楼"的地名，至今仍保留着。其山水画清腴闲远，书卷之气溢于楮墨，并工小楷，人称"书画状元"。嘉定博物馆内藏有其书画作品。王敬铭家族自明末至清中期缔造了"五代七进士，父子两翰林"的佳话。

秦大成（1720—1779），清乾隆二十八年考中状元。授职翰林院修撰、掌修国史。不久，请长假回乡侍养老母。乾隆四十三年（1778），复任充会试同考官。后再次告假回乡，未几卒于家中。据记载，秦大成品德为时人称道，去世时"仅有薄田三十

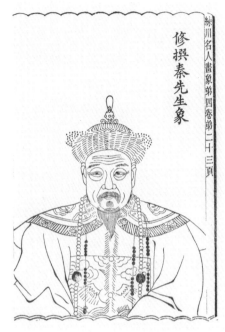

秦大成像（清程祖庆《练川名人画像》）

亩，图书满架"。死前留言："吾所受之先人者，即此传于子孙而已。"

徐郙（1838—1907），同治元年状元，先后授翰林院修撰、南书房行走、安徽学政、江西学政、左都御史、兵部尚书、礼部尚书等职，拜协办大学士，世称徐相国。徐颂阁工诗，精于书法，擅画山水，入词馆，被召直南书房。慈禧常谕徐郙字有福气，晚年御笔作画，悉命徐郙题志，传世慈禧画作中多见徐郙行楷诗题。因兼具金石派学养，黄宾虹评价徐郙云："徐颂阁、张野樵一流，为乾嘉画家所不逮。"①

徐郙像

① 嘉定三状元简介均参见百度百科。

　　上海本地传统的三鲜汤做法一般有肉丸、猪皮这些常规食材,而高升馆"大三元"的食材则更加丰富,最大特点是用了梅山猪肉。肉丸选用的是吃口细嫩的五花肉,蛋饺馅选用的是纤维感更明显的后腿肉,梅山猪肉肉甘味美,简单调味就能成就美味。肉丸和蛋饺下锅,再加上精心选择的菌菇、鱼圆、肉皮、排骨等配菜,倒入吊好的高汤小火慢煮,一直煮到足以让离家赴考游子魂牵梦绕的地步。

大三元

　　普通嘉定人的境界当然不能以"四先生"度量,他们认为"教化"的目的无非"高升"。所以对"大三元"这道菜,高升馆当仁不让!

八、醋熘黄鱼（胜芳斋）

传统江浙一带是鱼米之乡，家家餐桌上离不开鱼。海鱼、江鱼、河鱼、湖鱼，鱼的种类繁多；清蒸、红烧、干煎、炖汤，鱼的做法也丰富多样。西大街胜芳斋出名的招牌菜全都是鱼类菜式，是爱吃鱼肴的嘉定人不会错过的美食。

胜芳斋坐西朝东，楼下是加工作坊和厨房，楼上可容纳五六张桌子。虽然不大，但由于利薄质优、花色繁多，颇受乡民青睐。胜芳斋旁边就是菜场，海鲜和河鲜的品种众多，另外鸡鸭什件也多，都是十分合适的下酒菜。

黄鱼虽然是海鱼，但对嘉定人来说一点也不陌生。旧时宝山属于嘉定，所以嘉定是临海的。只要一进夏汛，渔船拢洋，街市里的野生大黄鱼就特别多。因此，这个时节里，黄鱼菜便成了家家户户必不可少的佳肴。胜芳斋喜欢用大黄鱼作为其主打鱼肴的理由很简单，一则由于打理起来方便，大黄鱼刺少，加工时不必剖腹，用筷子搅出鱼肠肚，洗净即可烹制；二则因为大黄鱼肉质鲜嫩，其呈蒜瓣状的嫩肉，只要用筷子轻轻一拨，便如白玉兰般片片分离，入食客口稍抿即化。黄鱼也叫"石首鱼"——此鱼出水能叫，夜间发光，头中有像棋子的石头，故而名之。明代松江华亭人冯时可在《雨航杂录》（卷下）写得颇为有趣："鯮（zōng）鱼即石首鱼也……诸鱼有血，石首独无血，僧人谓之菩萨鱼，至有斋食而啖之者。盖亦三净肉之意，不能忍口腹而姑为此说以自解，非正法也。"不知胜芳斋附近的护国寺师傅们是否同意这种说法？

"一条鱼，顶桌菜。"在嘉定人的心里，大黄鱼享有极高的地位，无论是"头碗菜""压席菜"，甚至一桌佳肴，都不如一条大黄鱼有分量。所谓"无黄鱼，不成宴"。

胜芳斋烹制的醋熘黄鱼，对黄鱼的品种没有特别要求。黄鱼家族有七

醋熘黄鱼

兄弟：大黄鱼、小黄鱼、黄姑鱼、梅童鱼、鮸鱼、黄唇鱼和毛鲿鱼。它们都属于石首科鱼属，其中数大黄鱼和小黄鱼长得最像。大黄鱼、中黄鱼、小黄鱼……不论是大是小，胜芳斋的大厨们都有办法把它们烹调成为桌上的美味佳肴。醋熘黄鱼成菜表面呈绛红色，皮微焦，但鱼肉剔透如水晶，筷子稍一拨动，便有鲜美的汁水缓缓溢出。入口柔韧香醇之余，还有丰富的层次感。据说，胜芳斋醋熘黄鱼这道菜所用的浇汁别有风味，可能是葱姜醋，酸甜味很爽口，不知是自己调配的，还是用了西牲号酱园和黄晖吉酱园的某种特制调味料？

九、笋烧鱼（胜芳斋）

在我国鲤鱼应该是养殖历史最悠久的一种淡水鱼了,在古代它还有着"淡水之王"的称号。不过南北方对待鲤鱼的态度却是截然不同。在北方地区,鲤鱼是很受欢迎的一种鱼类,不光是平常购买来吃,遇到过节了,家里办酒席了,鲤鱼更是餐桌上不可缺少的一道"硬菜"。但是在嘉定这边,鲤鱼却不怎么招人喜爱,价格低廉,除非它是稻花鱼。所谓"稻花鱼",就是指养殖在稻田里,然后吃掉落的稻花而长大的一种鱼。不过,并不是所有的鱼都适合养殖在稻田里,经过嘉定农民多年的养殖经验,最后发现只有一种小型的鲤鱼适合,这种鱼就是俗称的"乌鲤",即"稻花鱼"。①

笋烧鱼

---

① 参见三农小毛《南方人不吃鲤鱼,稻花鱼却是一个例外》,https://baijiahao.baidu.com/s?id=1744563875287295998.

　　嘉定农村盛产水稻。水稻不仅可为鱼类提供丰富的稻花和有机物质，还可在炎热的夏日为鱼遮阴，而鱼类以稻田里的虫子和杂草为食，不仅减轻虫害和草害，产出的鱼粪又可作为田间肥料。

　　虽然嘉定人不爱吃普通的鲤鱼，但是对于稻花鱼却是比较喜欢的。稻花鱼肉质细腻，刺少肉多，骨软无腥，还有淡淡稻花香。不过，并不是所有的稻田都适合养殖，必须要确保稻田长时间都有水才行，所以稻花鱼的产量低，在市场上供不应求。

　　胜芳斋近水楼台先得月，总能从菜场或农民收购到肥美的稻花鱼。切块加新鲜春笋、甜椒翻炒后焖烧，就是一道混合笋香、椒香与稻香的珍品鱼肴。

南翔篇

南翔寺双塔始建于五代至北宋时期（徐征伟供图）

南翔絮语

南翔,古名槎溪。南朝梁天监四年(505),建白鹤南翔寺,依寺人烟凑聚,取名南翔。迄今已有一千五百多年历史,是上海市四大历史文化名镇之一,也是中国历史文化名镇。宋元时形成市镇,商业繁荣发达。明代称南翔镇,后渐成江南一大集镇。清康熙三十九年(1700),钦赐御笔"云翔寺"额,寺遂改名云翔寺。彼时市街南北长1.5千米,东西长2.5千米,寺前街(现人民街)和南大街(现解放街)最为热闹,一日晨午两市,盛况胜于县城。一直以来,商贾林立,经济繁荣,故有"银南翔"之称。

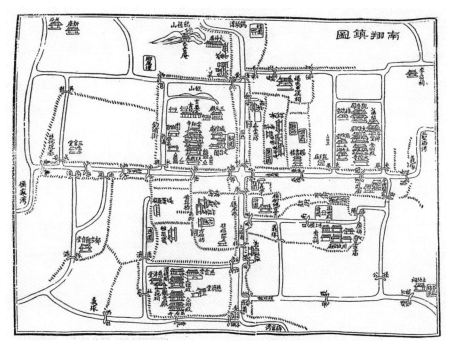

南翔镇图(原载清嘉庆《南翔镇志》)

南翔历史上园林众多，又有"小小南翔赛苏城"的美誉。古猗园是上海五大古典园林之一。明代嘉靖年间（1522—1566），徽籍闵姓辟建"借园"。万历后期，其家族后裔时任河南通判的闵士籍改建，更名"猗园"，出自《诗经·卫风》"瞻彼淇奥，绿竹猗猗"一句。由明代嘉定竹刻名家朱三松精心设计，有"十亩之园，五亩之宅"的规模，内筑亭、台、楼、阁，立柱、椽子、长廊都刻有千姿百态的竹景图案。后转让给贡生李宜之，再后又次第为陆、李两姓所得。清乾隆十一年（1746）冬，洞庭山人叶锦购得后，大兴土木，修葺装点，于乾隆十三年秋竣工，与初建时已隔两百年，故又更名为"古猗园"。据清代沈元禄《古猗园记》记载，园坐广福禅院西，门对曹家浜，南临良田万顷。园中有孤山曲廊，香阁翠楼，石舫水榭，怪石假山，全是明代建筑风致。乾隆五十三年（1789）由地方人士募捐购置古猗园，作为州城隍庙的灵苑。至近现代，屡遭战火兵燹，虽也屡经修整，但故园面目已非，不复旧观。1949年后，古猗园经过多次修葺重建。2009年又进行改扩建，如今面积扩张增至近一百五十亩。①

南翔古猗园（吴学俊摄于 2005 年）

---

① 参见上海古猗园编著：《古猗园志》，上海文化出版社，2018 年版，第 186 页。

　　檀园则是南翔另一个号称建于明代的私家园林,园子也号称是由园主人位列"嘉定四先生"之一的明代诗人、书画家李流芳亲自设计建成的,李号檀园,或与园名互为因果。之所以说了两次"号称",是因为这个园林早已毁于明清易代之际。现在的檀园选址于南翔老街双塔历史文化风貌区内,占地约十亩,是南翔镇的历史恢复性重建工程。由于有关檀园的图文资料匮乏,无法以旧园为范本还原,因而借鉴江南诸多古典名园造园艺术进行仿造竣工,于2011年10月向社会开放的。据说,檀园名字来源于院内的两棵青檀树,此树千百年来相伴而生,俗唤鸳鸯檀、千岁檀;又传,明朝时檀园也和猗园一般"绿竹猗猗",因为李流芳是画竹名家。可见,"竹"是南翔不可或缺的特色。

南翔檀园(周杰供图)

　　南翔古镇之所以有名,除了上述历史人文景观之外,还有许许多多的商铺老字号,百年老店也不下数十家。这些老字号历史渊源深厚,每一家都有一部发展史。现在这些老店有的在原址上翻建,有的连原址也找不到了,但都保留了原来的字号。"宝康"酱园于清光绪十二年(1886)由嘉定人、清末朝廷重臣王文韶和浙江巡抚廖寿丰联合创办。其生产的"龙凤牌"酱油、"郁金香"酒名闻遐迩,兴旺时员工有一百多人。然而,令人遗憾的是这家百年老店已真真切切地名存实亡了。

长江流域有"无徽不成镇"之说,意思是没有徽州商人群体的活动或者经营,地方市场可能兴盛不起来,因为他们,市场才变得很活跃,进而形成一些中心地。徽人善于经商,而南翔成镇确实也与"徽商云集"关系密切。明代起,徽人就是通过水路进出南翔的,并由此贩运货物于江淮、临清间,后来南翔的几个大商铺如新丰祥布庄、方森泰绸布庄、协记绸布庄、同春新茶庄、大昌成南北杂货店等,老板都是徽人。"多徽商侨寓,百货填集,甲于诸镇"(明万历《嘉定县志》),南翔镇就是这样腾飞起来的,罗店镇也一样。

因在州桥遍找传说中的嘉定名点"朝板糕"未果,笔者在上海疫情解封之后特地去了一次南翔。

百年老店"大昌成"建于清同治四年(1865),由徽商陈义亭创办,以经营食品为主,兼营杂货。"大昌成"的蛋糕、米花糖、雪饼、云片糕、酒酿饼等味道好,有特色。据传,大昌成也有自制专营的朝板糕。笔者按网页信息很容易就找到了位于南翔镇人民街32号乙的大昌成,门面和招牌都没有变化,但货架上却叠放满了各式烤串,未见任何南北货及糕点。心有不甘,便向售货员小哥打听"朝板糕",小哥丈二和尚摸不着头脑,说自己店里没有名称叫"朝板糕"的烤串。然后,问他这家店是否"大昌成"。小哥回答当然不是,因为雇主前些天已经把此店铺盘下了,专营烤串。至于为啥没有更换牌匾,那是因为暂时没啥经营收入,"换不起,反正现在的游客买烤串又不看牌匾的,能用就凑合着用呗!"

"大昌成"(南翔百年老店)赫然在目,底下却是"夺命小串"四个血红的大字,这是要革了古镇餐饮文化的命吗?真是让观者有啼笑皆非之感。

作为上海非物质文化遗产的南翔小笼包迄今已有一百多年的历史。清代同治十年(1871),南翔镇隆兴桥南边的日华轩糕团店,业主杭州人黄明贤以专卖南翔大肉馒头闻名。后由其养子将大肉馒头,改为一两面团可包8只的小馒头,采用了小蒸笼(每笼10只)急火蒸熟,由此得名小笼馒头,其特点

名不副实的百年老店大昌成（笔者摄于 2022 年 8 月）

是：皮薄、汁多、馅大、味鲜、卤重。后来旅沪的南翔人邀请黄明贤到上海城
隍庙开设南翔馒头店和西藏路上开设古猗园馒头店，挂名南翔小笼，至今盛
名不衰。因南翔小笼味道鲜、脍炙人口而出名，同行老板纷纷效仿，使南翔
小笼在上海及全国各地都有身影。日华轩因而名声大振，大家争吃南翔小
笼。1963 年古猗园重新恢复经营南翔小笼，从民间征召做小笼师傅，不断

"改良"配方。1981年6月南翔小笼由嘉定速冻食品有限公司生产,投入国际市场,1984年上半年即向日本、加拿大等国及香港、澳门地区出口。南翔小笼馒头打入国际市场,闻名中外。①

"银南翔"是上海商业最繁荣的古镇之一。有"银"必有"金","金"指的是罗店,而非上海。开埠之前的上海滩不要说与苏州比繁华,连嘉定的罗店(今属宝山)和南翔也没得比。说起南翔古镇,很多人的第一反应都和小笼包联系在一起,不知在黄明贤发明小笼之前,南来北往经过"银南翔"的商旅都是去哪里觅食的?南翔小笼的出名只不过是因为黄明贤拿着他家做的小笼包天天到古猗园门前叫卖,然后受到当地乡绅的追捧才逐渐做出世面的。现在南翔小笼的名声竟盖过整个南翔,是否有"鸠占鹊巢"之嫌?不过,这只如螳螂一般的"鸠"之后另有一个"黄雀",那便是豫园南翔馒头,大有把已经吃下南翔的南翔小笼囫囵吞进上海城隍庙的势头,令人倍感唏嘘。

长兴楼也是南翔镇颇负盛名的老字号之一。1937年由南翔人掌凤羽在寺前街建造三开间楼房,开设长兴楼饭店,经营炒菜和面点。1956年春公私

南翔长兴楼(笔者摄于2022年8月)

---

① 参见百度百科。

合营,1960年代因危房拆除。2008年夏由南翔老街办为恢复历史原貌在原址重新建造了四开间楼房。长兴楼位于南翔老街的正中心,刚好在双塔的对面,是游客基本上不会错过的地方。

笔者路过长兴楼时,受其盛名的影响,忍不住进门小坐,点了三黄鸡和小笼包。不过令人倍感诧异的是,小笼包的手工制作看上去很地道,面皮是水油皮,直接手按成皮,一个个非常饱满,但吃起来的口感却让人无法恭维。售价25元一笼,整体质量好像还及不上市中心菜场小店和"老盛兴"这类大众品牌店卖8元一笼的。后来向擅长制作小笼的中式点心大师请教其中原委,大师说此并非技法原因,而是店家老板不舍得用老鸡制作皮冻,想以压缩成本的方式来提高利润,照理说售价25元一笼是够得上用老鸡熬皮冻的,实在不舍得用老鸡,丢几根鸡骨头进去也是可以的啊,增加不了多少成本。按南翔小笼祖师爷黄明贤的方式,笔者取桌上的小碟,打算用筷子戳破皮子,让汁水先流入碟中再开始品尝,一则因为黄明贤说过小笼的汤汁若流不满一碟皆属不合格产品,二则也是因为怕刚出笼的馒头烫嘴。但邻桌的老吃客笑言笔者多此一举,"现在南翔镇上的小笼馒头都没几滴汤汁的,何必费事"。老吃客衣着极其随便,看上去像是南翔镇上的居民,难以猜透他为何要到此地品尝小笼,既然明知今日南翔镇上的小笼已大不如前。

集美楼始建于1956年,号称"百年老店",其中一道"草头饼"颇受食客青睐。前身是南翔合作饭店,经营中高端的酒菜及面点。1962年,时任南翔镇副镇长鲁福昌带领商业系统负责人赴厦门集美地区参观学习卫生工作,回来后把"南翔合作饭店"更名为"集美楼",沿用至今。"南翔合作饭店"更名为"集美楼"实为一语双关,一层意思是向厦门集美地区的餐饮发展工作学习,另一层意思是集中南翔镇的所有传统美食。①

现在,南翔古镇和南翔老街经过整修,在外观上恢复了清末民初"银南

---

① 参见《那些年风靡嘉定的"老字号"你知道几个》,http://mt.sohu.com/20160808/n463212183.shtml.

南翔集美楼（陈俊杰供图）

翔"的历史风貌：粉墙黛瓦、屋舍参差林立，大小商铺鳞次栉比；小桥、流水、花园、长廊、画店各具风韵。节假日漫步在游人如织的南翔老街上，你也许会被街边两侧的小吃香弄迷糊，炸串、烤猪蹄、臭豆腐与黄油、咖啡的香气混杂在一起……似乎除了小笼包以外，南翔的餐饮并无多少嘉定本地特色。

据悉，为了让南翔老街焕发新的生机，南翔镇目前正在打造海派民宿，实施南翔老街改造提升，不知道这次想整旧如新，还是想整旧如旧？与此同时，每年举办的南翔小笼文化展在9月底开幕，为期一个月。但是，笔者在这里非常想说的是"文化"这两个字不是你换一件"外套"，想加就理所当然加得上去的。

作为今日之南翔人，可以不熟悉南翔大才子、士林翘楚"嘉定先生"李流芳的诗文书画，但不可不知他的两句千古名言——大丈夫处事，论是非，不论祸福。又，"九千岁"魏阉魏忠贤建生祠不往拜，与人云："拜，一时事；不

拜,千古事。"

衷心希望有关政府部门以后对所有老街、老区的改造,都要基于当地本质性的文化与风俗,尽量避免随兴之所至推动的一些貌合神离的东西。

李流芳石刻像
(《沧浪亭五百名贤像》之一)

李流芳画像局部(故宫博物院藏)

一、酒香草头（集美楼）

    草头，也叫秧草、金花菜，学名"苜蓿"。草头易老，一旦时令不对，便会让人有"嚼草"的感觉。春天的草头格外鲜嫩，是嘉定人餐桌上很受欢迎的时令蔬菜之一。清明前后，是春天最富诗意的日子。1937年，《新闻汇报》的一篇散文写道："在春天，那尤其容易找得到菜蔬。田岸上生长着绿丛丛、嫩鲜鲜、可以做极美味的珍品，就是大众欢喜吃的，也就是大众吃到的'金花菜、荠菜和马兰头'。"的确，野菜是最亲近大地的灵魂。春日吃野菜除了芬芳齿颊，也是在寻觅渐远的"根"。①

草头饼

---

    ①   参见《尝到野菜，遇见春天》，《澎湃新闻》2022年4月9日。

把草头揉进糯米粉里,在油锅上烙成饼,嘉定人叫"草头摊粞",又称"草头摊饼""草头塌饼",口味是又鲜又香、又糯又韧,很有嚼头。草头摊粞,是农家常见的应时点心。清代上海秦荣光竹枝词早有题咏:"春蚕吃罢吃摊粞,一味金花菜割畦。"所记金花菜即草头。《申江谚歌》云:"节交立夏记分明,吃罢摊粞试宝秤。"证明吃草头摊粞和称体重是立夏时节的民俗。青浦农谚说:"吃了摊粞饭,天好落雨吭没闲。"说的是立夏时节吃罢草头摊粞,农忙开始,无论天晴天雨都没空闲了。①

酒香草头被"本帮菜鼻祖"德兴馆认为是其独创的,理由一是德兴馆选新鲜草头,仅取其前端的三片嫩叶,以强火入油煸炒,是为生煸草头;二是1930—40年代在德兴馆和茅台酒的客人比较多,瓶底的"发财酒"会被店小二收集到后厨,作为生煸草头的调味料,后来定型为每份生煸草头配一酒瓶盖茅台,于是形成酒香草头。笔者认为德兴馆的这种解释极为牵强。首先,从那时一直到现在,德兴馆始终是一家大众餐馆,不可能像制作龙井茶那

酒香草头

---

① 参见徐振保《草头摊粞》,《嘉定报》2007 年 5 月 28 日。

样,来制作一道普通菜肴;其二,烹饪时往菜肴中喷酒,一向就是中国菜的调味方式,不管是白酒还是黄酒,这和餐馆的"发财酒"是否足够多关系不大。其三,从今人的观点出发,德兴馆如果用客人留下的"发财酒"来烹制菜肴说明其档次极低,不讲卫生,更不符合防疫要求。

笔者在前面的"西门篇·拖烧"中已经讲过,"红烧圈子"并非本帮菜首创,同样"酒香草头"也不是由本帮菜发明的。真正使其成为本帮菜的是"红烧圈子"和"酒香草头"的双拼,组合成名垂千古的"草头圈子",来自杜老板的突发奇想。

"酒香草头"只是嘉定人的传统家常菜。旧时南翔镇上的饭店做这道菜的方式极为简单,即将新鲜草头放入锅内快炒,加入少许盐花,最后淋上酒锁味。尽管步骤简单,但还是有窍门的,那就是草头的清香该搭配怎样的酒香。虽然茅台有可能是绝配,但正宗南翔人绝对不会选择外乡的名酒来烹制家乡菜。因为,南翔有一款创建于清朝的足以令其自豪的名酒——郁金香酒。

郁金香酒,质清香沉、栗色透明、醇厚甘甜,酒中清雅的药香醇厚芬芳。

"郁金香注古黄流,一斗分来助拍浮。醉扫翠峦千万叠,可能胜似换凉州。"作为嘉定唯一的传统名酒,郁金香酒确切的起源时间已难考证,在《南翔镇志》中记载的这首描写郁金香酒的诗歌,是迄今发现的最早关于郁金香酒的描述,证明郁金香酒至少已有三百多年历史。诗作者是被誉为"嘉定六君子"之一的清康熙年间南翔籍官员张鹏翀。酒名显然取自唐代大诗人李白绝句《客中行》:"兰陵美酒郁金香,玉碗盛来琥珀光。但使主人能醉客,不知何处是他乡。"

而让郁金香酒真正大放异彩的是另一位南翔人——清光绪时期官至户部尚书内阁大学士的王文韶。他将郁金香酒赠予同僚与朋友,并带进朝廷,据说慈禧太后饮后大加赞赏,郁金香酒因此被列为贡品,名声大噪。

据有关资料记载,这酒并非出自酿酒名师之手,而是一位民间郎中的苦心之作。原来,这位郎中见老母体弱多病,就用上等白元糯米融入多种中草药泡制出了一种药酒,该酒具有润气开胃、舒筋活血等功效,其母常年服用后身体

日益健朗,活至耄耋之年。巧妙之处在于,李白原意是将甘醇的美酒比作芬芳的郁金香花,而郎中的药酒中恰好含有郁金、广木香、丁香等中草药。

色如琥珀的郁金香酒(李华成摄)

郁金香酒大卖,效仿者自然不少。至民国初,嘉定镇和南翔镇已有文玉和、王公和、宝康、复泰、黄晖吉等多家酱园生产郁金香酒。民国二十六年(1937),郁金香酒迎来高光时刻,在德国莱比锡博览会上获得金质奖。

1949年后,郁金香酒得到传承和发展。公私合营后,以宝康酱园为主组成了南翔酱酒商店,此后并入嘉定县供销合作总社所属的嘉定酿造厂。嘉定酿造厂在东大街上,与秋霞圃一墙之隔。

在嘉定酿造厂,郁金香酒的酿造工艺不断完善。计划经济时代物资紧缺,中草药调制而成的郁金香酒成本居高不下,当时7元多一瓶的价格堪比茅台,因此大部分郁金香酒被销往华亭宾馆等高档酒店。从计划经济转轨至市场经济后,郁金香酒原料成本不断上升。在竞争日益白热化的市场上,郁金香酒产量逐步减少。1996年,嘉定老城区改造,酿造厂不得不停产,百年郁金香酒逐渐淡出人们视线。

嘉定之味

2009 年郁金香酒传统技艺被列入上海市非物质文化遗产,原嘉定酿造厂厂长金惠国成为传承人;2014 年,上海郁金香酿造有限公司被评为上海老字号。①

始建于 1956 年的南翔合作饭店,极有可能是现在南翔镇唯一一家有资格称为老饭店的饭店,其最受食客青睐的一道点心是"草头饼",最受食客追捧的一道招牌菜是"酒香草头"。"南翔合作饭店"更名为"集美楼",几乎就是"嘉定城中合作饭店"变迁为"迎园饭店"与"嘉宾饭店"的南翔版本。虽然"集美楼"本身也是破旧立新的产物,但如果要在今日寻找南翔地区的传统饭馆菜,似乎也只能去"集美楼"翻翻流传有序的菜谱了。笔者倒是收藏有一张 1960 年代初的"南翔镇合作饭店"的空白发票,可惜发票上没有留下菜肴的名称。

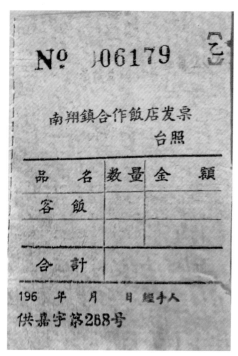

1960 年代南翔镇合作饭店的空白发票

---

① 参见陆晓峰《郁金香酒:本土老字号的回归之路》,《嘉定报》2017 年 11 月 7 日。

二、蚌肉小青菜(集美楼)

以前的南翔有湖有河有淖。那时的河,既不杂草丛生,也非浑浊不堪,还弥散着庄稼的气息。而在那丰盈水面下的,除了各类鱼虾之外,还有蚬子、螺蛳等各种淡水贝壳类,其中,又以河蚌最为个大肉丰。

河蚌,也称蚌壳、河蛤蜊、河歪、阿蜊。其行动能力弱,通常待在水底,半截埋藏于黑色淤泥里。每每晚春过后,天气逐渐变热,南翔当地的农民便会拎着提桶,卷起裤管,蹚水去摸蚌。烂泥裹着的河蚌,看上去很脏,如果烧制得味,也不失为一道有特色的好菜。

河蚌虽好吃,但打理起来麻烦。剖河蚌,得用一柄弯弯的小钩刀,沿蚌壳缝插进去,抵着钉子般的闭壳肌,先往左旋一下,然后再往右一拧,顺势撑开蚌壳,蚌肉便完好无损地露在眼前了。接下来的清洗工作,也堪称繁杂。

蚌肉烧小棠菜

得先洗去蚌肺(鳃),挤去泥肠,入开水焯过,还得把蚌背部最厚的斧足部分放在案板上,像敲大排一样敲到肉肌理似断非断。河蚌结实的背部聚集着肌肉,如不加以捶打,吃起来便会像牛筋般难以消化。

蚌肉的烹饪方法也很多,在南翔家常菜中较常见的是用来煮豆腐,或烧咸菜、咸肉。以咸菜烧蚌肉为例:炒锅中先放油,将葱段煸至香气四溢时,放入切成块的蚌肉,翻炒到肉缩汤出,再倒料酒,放入咸菜,盖上锅盖焖制。待汤色呈现出奶白色,蚌肉酥软之际,撒葱花起锅。那种咸鲜之味,能让全家老少吃得欢天喜地。①

取河蚌肉烧小棠菜,同样是一道南翔的老菜。河蚌肉的 Q 弹,小棠菜的鲜、甜,浓浓的乡土味道,让人馋涎欲滴。上海人俗称的小棠菜,也叫青梗菜,株型直立,叶长椭圆形,浓绿色,有光泽。小棠菜常只有成人的尾指般大,是华东地区最常见的菜品种。集美楼取菜名为"蚌肉小青菜",无非是由于青菜可以随时种植,小青菜也可以随时收割,但"小棠菜"只有 3 月中下旬到 4 月种下去的才好吃。3 月中下旬至 4 月晚间温度低、早晚温差低,晚间有霜,这个时候种的"小棠菜"经过霜打口感略带甜味,又因为有 30 天左右的种植时间,菜中有机物多,吃起来很糯。如果食客去吃这道菜的时间刚刚好,集美楼的"蚌肉小青菜"便是"蚌肉小棠菜"。

---

① 本文参见《童年下河摸蚌,一摸一大桶》,《潇湘晨报》2021 年 7 月 25 日。

三、酱油虾（集美楼）

河虾小巧，比不得海虾肉多弹牙，但胜在鲜甜细嫩。尤其到了春天，南翔镇周边大量河水中的河虾开始弯腰抱籽，此时吃最是爽脆饱满。河虾冬季潜于深水积攒能量，春天气温回升纷纷向岸边移动，特别好抓。刚捉住的河虾都很鲜活，外壳蓝亮蓝亮的，闻着有股清凉的河水味。

河虾在嘉定除了用来做"炝虾"以外，还有其他吃法。很多人不喜河虾，觉得它吃起来扎嘴，这其实是没吃对。将河虾视为至高美味的嘉定人，有两种解决方法：剥壳和过油。剥壳如州桥饭店一般即制成"水晶虾仁"，不剥壳就要像集美楼一般，过油，制成"油爆虾"或"酱油虾"。①

酱油虾

---

① 参见冯元春《河虾入口　香酥袭人》，《银川晚报》2022 年 4 月 1 日。

很多人认为油爆虾就是酱油虾。其实,两者是有差异的。油爆虾是将河虾用旺火油炸两遍,最后喷上调味料而成。酱油虾是油炒后,加调味料焖烧,入味后起锅。油爆虾不一定要用酱油调味,而酱油虾必定要用酱油。酱油虾所用的酱油,以前首选嘉定酿造厂的卫生酱油。

集美楼的酱油虾里面只有酱油和醋,基本上没有其他调味料,讲究的是原料新鲜,最大程度地保留河虾的原本味道。

四、豆瓣虾仁（集美楼）

鲁迅在小说《社戏》中写儿时看罢社戏后，与小伙伴们偷罗汉豆在船上煮来吃，这罗汉豆便是蚕豆。在江南，蚕豆是立夏三鲜之首。①

鲜嫩的蚕豆可以直接做菜或者煮饭吃，老了晒干后也可以炒着吃、油炸着吃。葱爆蚕豆是最家常的做法，蚕豆剥去外壳，油热后加入葱花爆炒出香味，加入蚕豆大火翻炒后调味去涩。

豆瓣虾仁

虽然嘉定白蚕豆具有绵粉糯香且皮薄的特点，在口感上风味最佳，是蚕豆中的极品，但因为白蚕豆仅产于嘉定的东北部，加上产量极低、种性一直

---

① 参见《嘉定味道：菜场里的"春滋味"，你尝了没？（二）》，《上观新闻》2021年3月7日。

都在退化,所以南翔集美楼使用的都是"本地蚕豆"。这里的"本地"不是单指南翔或嘉定,而是整个上海。在很多上海人的心目中,世界上只有两种蚕豆:本地蚕豆和其他蚕豆,两者之间的地位有如云泥之别,当然他们这样讲是因为看不到云端之上的嘉定白蚕豆。①

本地蚕豆从摘下的那一刻起,分分钟都在年华老去,所以豆子要当天采摘当天烧。集美楼蚕豆菜肴所使用的蚕豆都是现剥现烧的。旧时,其招牌菜"豆瓣虾仁"称得上是各种鲜味的碰撞交融。蚕豆去除皮衣,虾仁自活虾中剥出上浆,一同倒入油锅中煸炒,变色后下入甜椒丝、春笋丝,加本地黄酒、少量清水炖煮,至汤水收汁即成。

---

① 参见韩小妮《这蔬菜,活成了上海人的信仰》,https://www.sohu.com/a/546014781_113612.

五、油焖笋（集美楼）

春笋素有"天下第一鲜"的美誉，它口感鲜嫩，而且季节性特别强，一旦错过那只能等来年。惊蛰吃笋，不仅是因为此时春笋正鲜，更是因为人们在经历了冬季的"贴膘"后，需要补充清爽的时蔬和"排浊"，春笋富含丰富的膳食纤维，可以促进肠胃蠕动，督促人的身体从冬季倦怠期快速"苏醒"。①

春笋的种类有很多，在南翔镇上市最早的那一批春笋，不仅很鲜嫩，而且口感脆甜。这种春笋名为雷笋，之所以叫这个名字，是因为它出笋比较早，在听到第一声春雷响过之后，就可以准备去挖它了。通常普通的春笋没这么快长出来，早一点的也要到4月份才逐渐开始有出土的，而雷笋在3月份就已经可以开挖了。

油焖笋

---

① 康万郡《寻味上海：春日美味油焖笋》，《看看新闻》（播报文章）2022年3月3日。

　　竹笋的种类非常多,至少有四五十种,不同的竹笋它的口感是有所差别的,有偏甜的甜笋,也有偏苦的苦笋,还有口感比较麻的笋。相对来说,人们总是偏爱甜笋一些,雷笋就是属于甜笋,口感是比较好的。旧时集美楼的"油焖笋"必取初春上市的雷笋,所以有着极好的口碑。

　　雷笋的出肉率在众多竹笋中间是比较高的,有很多笋剥去笋壳后就只剩下一点点肉,而雷笋剥掉壳之后,里面的笋肉很饱满,而且特别嫩,颜色也是嫩黄的。基本上一两个笋就做成一盘菜。因此雷笋虽然价格高,但却是集美楼招牌菜"油焖笋"的不二之选,浓油赤酱,能让食客吃出比肉还好吃的味道,成本却并不比质量稍次的竹笋高出多少。①

---

　　①　本文参见《这种红壳野菜,春雷一响就可以挖了》,《禾木报告》2021 年 4 月 9 日。

六、莲花鱼米盏（古猗园餐厅）

古猗园原名猗园,诞生于明嘉靖元年(1522),迄今已过五百年。彼时的嘉定是江南文气极盛的地方,许多著名的文人雅士都集中在这里,经营园林,是他们艺术活动的一个方面。猗园的精彩,全得力于李流芳、朱三松。李流芳是书画诗文的全才,爱石成痴,爱竹成癖,性好佳山水,胸有丘壑。朱三松是竹刻大家、盆景高手,园中树石都由他具体点缀。这里水天空阔,长廊逶迤,与厅、堂、亭、阁、轩融为一体,如丹青高手构图,刻意追求自然,追求画情诗意,传达无志于仕途、有意于山水的人生态度。[①]

清乾隆十一年(1746)园归叶锦,重葺并扩充,改名古猗园。1931年九一八事变后,当地人士为不忘东北国土沦陷,造方亭一座独缺东北角,今则成为历史遗迹。1937年八一三抗战时,大部分园景毁于炮火,仅存南厅、不系舟和部分假山。1959年重建,将原有27亩园基扩充至90亩,恢复部分旧景,并修复补阙亭。1959年后增建湖心亭、九曲桥、长廊、梅花厅,1983年后又辟松鹤园、青清园等景区。为上海市郊游览胜地。[②]

建于1960年代初的古猗园餐厅其实和古猗园是没什么关系的,类似豫园南翔馒头店也和豫园没什么关系。当初,南翔小笼的创始人、"日华轩"伙计黄明贤只不过受人指点,挑着大肉馒头的担子到古猗园门前叫卖过而已。南翔小笼的发源地不是古猗园,而是抗战期间被日寇炸毁的位于南翔镇的"日华轩"。

古猗园餐厅的创始人是生于1934年的南翔人封荣泉。封荣泉出生于清贫人家,生性喜爱厨艺,8岁即入南翔镇以制作小笼出名的长兴楼学徒六年,14岁起又随父学习制作点心的技艺。1950年代初,他在嘉定县总工会食堂

---

① 参见陶继明《阅读500年名园古猗园》,《解放日报》2022年10月27日。

② 参见"古猗园"词条,https://www.cidianwang.com/lishi/diming/5/73995mr.htm.

当厨师,因钻研业务,烧得一手好菜而闻名。1959年,封荣泉调回南翔,又在长兴楼工作。翌年,古猗园决定开设餐厅,计划恢复最有特色的名点南翔小笼,亟需物色制作小笼的人才。经南翔镇领导的推荐,封荣泉调至古猗园,负责餐厅工作。他从民间重新征召了做南翔小笼的几位师傅,其中有李洪宝、陈莲英等熟手。1964年,古猗园为进一步打造南翔小笼的品牌,培养小笼传人,又招收了几名学徒,由封荣泉及小笼师傅精心传授技艺,其中就有后来成为"第六代传人"的李建钢。①

上海古猗园餐厅(李梅摄)

计划经济时代一切都是讲计划的,餐饮概莫能外。笔者判断,1960年代初嘉定县南翔镇的餐饮"发展"计划是:合并南翔镇所有主打精致美食的饭店为"南翔合作饭店",合并所有售卖小吃点心、大众菜肴的饮食店为"南翔饭店",新建古猗园餐厅"重整"南翔小笼。虽然建立古猗园餐厅的初衷是

---

① 参见陶继明《德艺双馨的南翔小笼传人封荣泉》,《嘉定报》2018年8月14日。

"重整"南翔小笼,然而古猗园餐厅的出身却是南翔"长兴楼",并非"日华轩",南翔"长兴楼"一直都在那里,而"日华轩"的重整怎么说似乎都应该是豫园南翔馒头店的事情。好在古猗园餐厅的形象代言人不仅也不必只有清代卖包子的黄明贤,更有古猗园创始人之一、"嘉定四先生"之一的诗书画大家李流芳。古猗园餐厅自建立起到现在的所有成就,并未体现在南翔小笼的"重整"上,而是近些年几款极能体现文人雅士情趣的精制菜点,比如"莲花鱼米盏",听上去简直就像是李流芳自己起的菜名。

莲花鱼米盏(翻拍于古猗园餐厅菜谱)

147

　　洁白的盘中铺上碧绿的荷叶,叶上还滚动着晶莹的水珠,盘中央一朵白荷增添了清雅之气。每一盏里都以鲜嫩的粉色荷花花瓣为底,盛着龙利鱼丁、芡实、枸杞组成的"鱼米盏"。"莲花鱼米盏"每例售价 168 元,是整个餐厅最贵的一道菜。

　　龙利鱼肉质鲜嫩,煎、炒、烹、炸都很好吃。作为海鱼,它终年生活在近海的海底,打捞成本很高,所以价格也比较贵,通常而言,野生龙利鱼每斤至少要 100 多元。这道菜若非古猗园餐厅烹制,大家切勿轻易尝试。因为如今有不少超市用巴沙鱼来冒充龙利鱼。巴沙鱼和龙利鱼两者口味虽然接近,但在安全性上却天差地别。巴沙鱼大多来自湄公河,湄公河的水质污染严重,鱼肉的质量可想而知。巴沙鱼柳的货源比较混乱,一些商家会使用"化学方法",比如添加"保水剂"来锁住鱼柳水分。

　　"莲花鱼米盏"在形式上与古猗园非常相衬,美中不足的是在其食材选用上。虽然从饮食文化的理论出发,有些食品原材料经过时代的历练可以成为家乡口味,比如哈尔滨人之于红肠、大列巴和格瓦斯,但以嘉定人、南翔人的秉性,比目鱼、龙利鱼有机会被纳入"嘉定之味"吗?

七、碧绿鱼圆汤(古猗园餐厅)

过去,上海人吃鱼圆不加面粉,全靠手打劲,加面粉的厨子会被饭店老板直接赶出去。

如今,市区的上海人已无这种坚守,但嘉定和宝山两地不一样,只有手打鱼圆才可以代表家乡的人间烟火。鱼圆在这两个区的饮食文化中地位很重,罗店鱼圆甚至是宝山区的非遗美食。

古猗园餐厅的碧绿鱼圆汤,因真材实料、口感细腻、滋味鲜美而有着极佳的口碑。鱼圆汤和鲜肉小笼是绝配。鱼圆与菠菜同煮,汤头会泛点清新,正好能解鲜肉小笼的油腻。

做鱼圆的鱼必须是活鱼,选肉厚而刺少的鱼。古猗园餐厅一般选用肉质厚实的青鱼,劈片剔骨后,用菜刀剁成细末,根据数量添加适量的鸡蛋

碧绿鱼圆汤

清,加上适量水,将碎鱼料下入钵内,用手反复搓打成泥下入盛有凉水的铁锅内。鱼圆下水后漂浮在水面,食用时,再加温煮沸。这样做出的鱼圆嫩得像豆腐。质地细腻,吃口十足柔软,带空气感,像一团充满鱼鲜的云朵……

　　煮鱼圆的汤本身就很鲜美,加入菠菜或嫩豆苗,清香扑鼻,色泽碧绿,愈发诱人,即可盛在大碗内上桌。

八、黄豆炖猪脚汤（南翔饭店）

　　"南翔饭店"这个招牌早在 1956 年春,由数家饮食店、饭摊合并而得,初名南翔饭店。门面房三上三下,坐落于解放街。1977 年,随着南翔经济和市政的发展,南翔新饭店落成,遂有南翔老饭店的称号。在 2002 年的市政动迁中,老饭店停业。2008 年,在老街改造时,于人民街新址重新挂牌,恢复营业。

南翔饭店（陈俊杰摄）

　　不太明白南翔镇上很多饭店为何都要以"百年老店"自居,其实对南翔饭店来说,六十多年也已经算是不短的岁月,已经非常有历史感了。笔者在前文提及过,南翔镇上几乎所有饭店(除主业为小笼的长兴楼以外)的悠久程度都没有往前超过 1950 年代的,因为响应政府"公私合营"政策的号召,大多数私营饭店的品牌都已偃旗息鼓。既然论出身没啥意思的话，又何必要把店史延长到民国时期呢？难道是想告诉大家，最早你们家卖大饼油条，到现在你们家也还在卖大饼油条吗？

南翔饭店虽然出身"低微"（饮食店），但地位却从来不低。1960年代初，"国营"二字可是响当当的名号，称得上是整个南翔镇上最高档的一家饭店，不是普通消费者消受得起的。倒是出身"高贵"的南翔合作饭店，不仅菜价便宜，而且在口味上能满足大众的需求。

如今，南翔饭店已经从解放街搬迁至人民街重新挂牌，想必又转制回私营的了，但饮食的顽强性不仅体现在食客端也体现在烹饪端，南翔饭店六十多年前做出来的菜是啥腔调的，今天做出来可能也还是啥腔调，几代人传承不走样。

大众点评网站上有顾客发表言论说，这家老饭店的饭菜做得这么难吃，不是对不起"南翔"二字，而是对不起"老店"二字。这样说，实在是有点过分，笔者要为这家饭店正名。只要食客循着家常菜的方向去点菜，而且必须是旧时的家常菜，物美价廉的那种，比如该店鲜为人知的"黄豆炖猪脚汤"，南翔饭店还是当得起"老店"这个称谓的。

在饭摊帮（后来部分成为本帮菜馆）的发展史上，黄豆炖猪脚汤是一道必须记载下来的名菜，因为这道菜的味道与口感，实在比它的名字要美得多。黄豆乃鲜美之物，在素菜馆里，黄豆与黄豆芽都是用来吊"素高汤"的主料。黄豆的特征之一是不易烂，但殊不知，一旦黄豆煮烂了，它的鲜美就会得到彻底释放。当初，南翔镇饭摊帮的厨师正是秉承了这套熟稔于心的煮黄豆秘诀，才会把这道菜做成如今南翔饭店"守在底线上"的一道看家菜。公私合营之前，为了价廉物美，饭摊的小业主常常会选择大肠、猪脚、黄豆、豆腐等相对便宜的食材作为主料，然后各显神通地把这些食材中的"贱货"化腐朽为神奇地转化成美味。而黄豆炖猪脚汤正是当时南翔镇的饭摊和饮食店中最为常见的。上好的黄豆炖猪脚汤，油封汤面、黄豆酥烂完整，味厚汤鲜，这在什么都讲实惠的年代，一碗汤足以下三碗饭，该占据什么尊崇地位？黄豆炖猪脚汤的复杂之处在于，它需要很多步骤组合起来，而其中最重要的一步，被南翔人称为烧"酥黄

豆",即先把黄豆用冷水浸泡发胀,撇清洗净后,再放入大锅煮。令人遗憾的是,这道菜后来从大多数本帮菜馆和大众餐馆的菜谱上集体消失了,原因不是不好吃,而是实在太费工、太不赚钱了。然而,有幸的是,南翔饭店将"黄豆炖猪脚汤"的制法秘诀给继承了下来,并时不时对外供应。①

要把"黄豆炖猪脚汤"做出好滋味,除了掌握制法秘诀之外,还须选对黄豆。不过这对嘉定人来说根本不值一提,因为稍早前任何一个嘉定人对黄豆都有着不二之选——牛踏扁。"牛踏扁"是晚秋青豆,外壳宽阔,颗粒长圆扁平,中间有凹槽,酷似牛蹄印痕而得名,颜色青中泛紫,最具糯性和香味。

黄豆炖猪脚汤

是嘉定特产"牛踏扁"造就了当初南翔饭摊帮和如今南翔饭店的绝活,把低级食材做成了绝世美味!可能会令人感到遗憾的是,现如今的"牛踏扁"黄豆和猪脚都不能算低级食材了,南翔饭店"黄豆炖猪脚汤"的售价为每份58元,大菜单上没有的,是否供应可能要看当时大厨或服务员的心情指数。

① 参见《喝一碗老上海的汤》,http://www.360doc.com/content/19/0225/21/33815868_817515718.shtml.

九、罗汉菜笋丝汤（南翔小笼馆）

让嘉定著名外交家顾维钧晚年心心念念的罗汉菜到底是个啥？对如今的嘉定市民来说，罗汉菜是久闻大名，而不知其味。对不少"老嘉定"来说，腌制过后的罗汉菜，曾一度与"小笼馒头"齐名。然而，随着化学制剂的大量使用和城市化的推进，罗汉菜曾在1950年代几近灭绝。罗汉菜以前主要生长在南翔、马陆一带，且大多在棉花田里，它入口略苦，回味清香，包馄饨、烧豆腐都很美味，腌制之后更是鲜美可口。

1999年，嘉定农业技术研究中心开始寻找罗汉菜，直到2003年，才在南翔一位八十多岁老农手中征集到这一菜种，将这一濒临灭绝的品种保护了下来。目前，在传统野生品种基础上，经过长期人工驯化和选择，已培育出适合栽培的"嘉秀"罗汉菜新品种，在产量上有了很大突破。①

新鲜罗汉菜

---

① 参见刘静娟《市民今夏可尝鲜罗汉菜》，《嘉定报》2016年7月19日。

罗汉菜的出生很不平常。一般植物都在万物复苏的春天萌芽生长,而小米粒般大的罗汉菜种子一定是经历了夏季的酷热之后在深秋转凉时萌芽。数十年来,地理和气温环境都发生了很大的变化,夏天更热,秋天不冷,不少植物改变了生长规律,而罗汉菜是有骨气的,它坚守着自己的秉性,一定得在天冷的秋季出苗,这种坚守更加重了罗汉菜近乎绝迹。

罗汉菜和其他绿叶菜不同,不需要趁其新鲜尽快食用。刚采摘的罗汉菜又苦又涩,难以入口,必须腌渍三个月之后才能食用。应择去黄叶,将罗汉菜洗净后反复加盐揉搓,100斤新鲜罗汉菜,倒入约4至5斤盐,一直揉搓约15分钟至苦汁流出。倒掉腌渍出来的苦汁,就可以装罐了。为了保证罐中不留空隙,可以拿一根擀面杖,将罗汉菜分层压实。在封罐之前,还要撒上少许盐。①

"南翔小笼馆"有罗汉菜笋丝汤和罗汉菜笋丝面供应。在南翔镇叫小笼馆的店家实在太多了,所以要特别交代一下,南翔小笼馆的地址位于南翔生

罗汉菜笋丝面

① 参见于俊丽《菜中"君子"罗汉菜》,《嘉定报》2008年8月4日。

产街135号。据悉,南翔小笼馆隶属于上海南翔小笼有限责任公司(自称脱胎于1950年代公私合营后的南翔镇餐饮企业),和南翔地区其他小笼馆、饭店一样都说自己是百年老店。不过,从某个知名网站的评论可以看出,这家小笼馆的小笼馒头的味道和长兴馆、南翔饭店基本一致,不太受消费者青睐。倒是罗汉菜笋丝汤和罗汉菜笋丝面,成了当地老饕们的最爱。

笔者在篇首有言:李流芳是竹画与竹刻大家,"竹"才是南翔最大的特色。所以,建议南翔的一些老字号今后不必只盯着清末那个黄明贤的点心做文章,胆子放大一点,继续往明代"穿越",想想怎么以竹子、竹笋、罗汉菜为"抓手","放将苍翠来窗里,收取清冷到枕边"。也许日后大家又能再玩一把无差别化的"五百年老店",岂不妙哉?

野逸篇

娄塘郊野风光（周乾梁摄）

野逸絮语

嘉定七镇,是指嘉定镇以外的南翔镇、安亭镇、马陆镇、徐行镇、华亭镇、外冈镇、江桥镇。1990 年代之前,通常的认知是除了嘉定镇(城厢镇)和南翔镇以外,嘉定其他地方都是农村地区。

虽然都是农村地区,各自餐饮业的发展程度还是不一样的。除嘉定和南翔两镇以外,地方志上对旧时餐馆有记录的还有两个古镇,即今属安亭的黄渡古镇和今属嘉定工业区的娄塘古镇。

黄渡流传着战国四公子之一的春申君黄歇渡江的传说,黄渡者,为黄歇渡的简称。即黄歇曾经率领伐秦的士兵在此饮酒来驱寒取暖,以畅饮来表示对乡亲父老的感谢。为了纪念黄歇到黄渡出巡与乡民共乐,黄渡镇每逢元宵都要搭台举办喝黄酒比赛,成为当地民众闹元宵的特色节目。①

然而,清代著名学者清钱大昕在《跋〈云间志〉》中有明确说法:"吴淞江入海之口曰黄浦,相传以春申君得名。予尝辨之,谓即古之沪渎。'黄'与'沪',声相转也。吾邑西南三十里有黄渡镇,吴淞江所经,土人亦指为黄歇渡处。考郏亶《水利书》,本名黄肚,世俗传春申之迹,皆出后人附会。此志南宋人所修,有沪渎江,无黄浦,益信吾言之不妄。"②钱大昕经缜密考证后提出,黄渡之名与黄歇无关,是因吴淞江在此打弯,凸出的地方方言称"肚",该处土质较黄,故称"黄肚"。

元代起黄渡在吴淞江两岸就开始广种白、紫两种木棉,纤维虽短,然弹性特强,受到用户的欢迎。黄渡亦是嘉定地区的粮、棉、菜、瓜重要产地,经

---

① 参见百度百科。
② 参见钱大昕《潜研堂文集》,卷二十九。

1959年,黄渡镇风光(《嘉定六十年图志》)

济以农副业为主,其生产的小金黄玉米、重镶羊、罗汉菜均为人们所称道。位于吴淞江畔的黄渡还盛产淡水鱼,镇上有多家鱼行和流动摊贩。每年的清明之后,河鲜生意转入淡季,多数鱼行转为经营海鲜。明代万历年间的《嘉定县志》记载,地方特产中罗列的货物,包括棉花、紫花、棉布、斜纹布、药斑布、棋花布等等,绝大多数都和棉有关,包括灯芯,也是用棉绒来做的。所以嘉定整个的经济结构不是以粮食生产为中心,而是以棉纺为中心,经济结构发生过明显的转型。一些联动的产业也起来了,比较重要的是蓝靛的种植和加工。因为棉纺业的兴起需要蓝靛这种染料,所以这一带蓝靛的种植和加工兴盛起来。后来嘉定几个集中生产地:纪王、黄渡、诸翟、封家浜,一直到清代前期为止都是非常重要的蓝靛种植和加工中心,其中最著名的当

属黄渡镇。康熙年间,官方为黄渡所产的靛青专门颁示校准靛秤,成为全国的一个标准秤,可见它的影响力。①

　　清朝时,黄渡建立了商会,时有坐商97家、行商6家和商属工业18家。黄渡的其他商业也十分发达,清末民初开设的南北杂货、茶食、茶叶商店等有60余家,民国后还开设了开泰源、复兴祥等13家百货店。服务业中有孙记照相馆、新生印刷厂、何记车行等等。清末起,黄渡建筑、船运等行业就十分发达,分工细致。光是镇上开设的木器行就有17家,另外镇上还有船、橹行19家,竹行9家,石灰行及石作行等。黄渡南镇有胡厥文创办的碾米厂,采用机械化生产,现已列为区文物保护单位。2009年6月,嘉定区委、区政府决定:安亭、黄渡两镇撤二建一,设立新的安亭镇。

　　娄塘,地处嘉定区的西北部,与江苏省的太仓市毗邻,因此娄塘可以说是嘉定北部之锁钥。娄塘因娄塘河得名,别名浏塘(亦作刘塘)、娄溪,因昔娄塘河岸多植桃树,雅名桃溪。明永乐年间,里人王氏父子创市,正德年间称娄塘桥市,万历年间称娄塘镇。清代布市繁盛,仅次于南翔镇,为邑境大镇之一。②

娄塘古镇鸟瞰(周乾梁摄)

---

①　参见冯贤亮《魔都与新城》,https://www.thepaper.cn/newsDetail_forward_15294479.
②　参见百度百科。

早在唐代中后期这里就形成一个居住聚落——何庄。先民的生存发展仰仗的是自然界提供的土地与水力资源。东南沿海地区多卑湿，娄塘地处这块不规则长方形的古冈身上，土质坚实，地势高爽，大致为北偏西至西偏东走向，地面明显隆起，又有娄塘河和横沥河两条河道环抱，交通便利，水源充沛成了何氏一族在此定居的原因。

明代的嘉定不宜种稻，而宜植棉。九棉一稻的种植结构，让嘉定人每年上缴漕粮出现了困难，甚至有嘉定农民不堪重负，沦为流民。明万历年间，嘉定有识之士提出"折漕为银"的改革倡议，得到允可，并成为永久性制度。种植一亩棉花产出价值是水稻的两倍，若再加工成棉布，则是水稻的五倍。在巨大利润和制度保障下，嘉定的棉花种植和纺织生产走上了商品化、产业化的轨道，成为嘉定的支柱产业。娄塘方圆百里不仅是一个很大的产棉区，同时，交通的便利、商业的繁荣也促成了当地手工业的快速发展。明代中后期起，娄塘传统的手工纺织颇为有名，土方土织几乎遍及家家户户，一些配套的手工作坊也应运而生，前来采办土布、棉花、纱布的船只桅樯林立。嘉靖、万历年间，娄塘出产的斜纹布非常精美。"晓星残月入娄东，坐贾行商处处通。灯影乱明河影外，市声遥隔水声中。"从明代嘉定人陈述的这首《娄塘晓市》中看出，娄塘河两岸当时还是坐贾行商的汇聚地，天色未明时，买卖交易的场面已经十分兴旺……①

虽然我们现在可以从地方志上得悉，黄渡的高升馆、得和馆，娄塘的聚顺馆、聚仙馆等，是和县城的吴家馆、陆家馆、高升馆齐名的，但仅此而已，无从知悉它们是饭馆、点心店还是茶食铺子，更别想查得出它们曾经有过的经典菜式。

近二三十年，有一首流传颇广的民谣："金罗店，银南翔；铜江湾（一说真如），铁大场；教化嘉定食娄塘，武举出在徐家行"。笔者一开始以为，这首民谣不仅彰显了娄塘"食"文化特色，而且确定了"食娄塘"形成的大致历史时间。因为罗店、江湾、大场都在宝山境内（真如则在普陀境内），而

---

① 参见朱雅君《古镇溯源：航拍娄塘（一）》，https://www.sohu.com/a/142606756_743188.

162

宝山从嘉定析出是清雍正三年(1725)。由此可见,这首民谣的创作时间似乎应该在清初甚至更早。康熙九年(1670)、康熙四十四年(1705),嘉定县曾连遭灾荒,"夏时霪雨杀禾,平陆尽通舟楫,秋来飓风拔木,花等仅剩枯枝"。史料记载,嘉定位于长江入海口,土地"沙瘠不宜于禾","种花者多,而种稻者少"。嘉定的自然环境不宜种稻,而宜植棉。嘉定的粮食多仰籴于外,多"向赖邻邑运米接济"。因此,政府与民间在嘉定多有赈济活动,遇到灾年时,嘉定人估计是不会以"金银铜铁",加上食文化,加上文武双全来自我吹嘘的。①

明清两代,上海开埠之前,娄塘镇上从事农业耕种和水产捕捞的家庭都通过纺织来增加收入,以供日常衣食,就连大户人家也不例外。每到夜深人静之时,机杼织布的唧唧声不绝于耳,充盈大街小巷。娄塘的历史上并未出现过特别大的企业主,即便是清末引进机器建立"朱森泰"轧花场的朱诵清,至民国33年(1944),其子朱述熹等合资改为海麟纱厂(生产"奔腾牌"16支纱,颇为著名),鼎盛时总资金达200万元,工人400多人,实力就算最雄厚的了。②

来娄塘做生意的买主,均以跑单帮的小本生意人为主。小本生意人加上小业主形成的主体格局,造成了娄塘的街面上没有什么太大的饭馆,取而代之的是多样化经营的,又卖茶、又卖酒菜、又卖茶食的茶馆店,菜式之简陋可想而知。也许,社会性饮食的总体缺失,反而造成家庭饮食文化的勃兴。因为娄塘镇的每家每户都是开门做生意的,要讲究待客之道。一旦来了跑单帮的客人,除了待茶以外,还要留客人吃酒菜,再不济也要让客人吃了点心(如馄饨、面条、糕点等)才让离开。这就对娄塘所有家庭主妇的厨艺提出了高标准、严要求,既要能够操办酒席,又要能够在小吃点心上翻花头。有些时候,跑单帮的大亨们在意的不是货物,而是那一口吃食。所以,笔者经过一番考证后,最初判断"食娄塘"在很大程度上指的是娄塘人家的家庭性

① 参见张秋红《清代嘉定宝山地区的乡镇赈济》,来源:上海慈善网。

② 参见朱雅君《古镇溯源:航拍娄塘(五):工商发端(上)》,https://www.sohu.com/a/207426770_743188.

饮食文化,而非社会性饮食文化。

　　2022 年 11 月 14 日因久慕"食娄塘"大名,笔者特驱车去娄塘采风,结果大失所望。时间是正午时分,笔者找到娄塘镇最大的餐馆,名叫"龙凤饭店",是手机百度地图上第一顺位出现的,号称主打江浙菜。龙凤饭店其实是一"家庭"餐馆,操一口北方口音的厨师是一家之主,其他成年、老年家庭成员都是服务员,边服务边照看家中小朋友。餐馆中的菜虽无太多嘉定特色,但价格却公道,味道也算是农家菜中的上品。笔者趁厨师老板手上稍空时,询问镇上何处有卖娄塘传统小吃——寸金糖和小鸡蛋糕。厨师告诉笔者应该提早一年来问,现在只能去太仓寻找这两样古老的点心。一年前,龙凤饭店的对面有个摊位,摊主是一位年过七旬的老妪,一直坚持做寸金糖、小鸡蛋糕和草头塌饼。现在估计年龄太大,做不动就只能歇业了。加上娄塘镇已没几个本地人,仅靠太仓的传统点心,怕是难以维持生计(龙凤饭店的厨师似乎不认可寸金糖、小鸡蛋糕是娄塘的特产)。笔者心有不甘,用餐之后,去对面探访。见铁将军把门,屋檐下却有两条小狗守护着自行车和摩托车,一丝看不出里面会有点心卖的样子。

　　据说,有人想拿着"食娄塘"这三个似是而非的字去向国家有关部门申

简陋寒酸的点心摊头(笔者摄于 2022 年 8 月)

遗,并声称:"娄塘自古以来物产丰盛、商业发达,餐饮业更是得到了社会的认可,全盛时期,镇上有十家饭店、十户茶馆、十家茶食小吃铺、十爿肉庄(嘉定话、上海话甚至普通话中,'十'与'食'同音)"。不知这些人所说的"自古以来"指的是哪朝哪代,"全盛时期"指的又是哪朝哪代? 娄塘镇,始建于明朝洪武二年(1369),创市于明永乐年间(1403—1424);"物产丰盛商业发达",是因为嘉定地区不适合种植稻米;"全盛时期"指的是明中兴的万历年间还是清代的康熙至乾隆年间呢? 这么一个居民人数只有两千余人的嘹北小镇,一共有十七条街弄,饭店、茶馆、茶食铺子、肉庄却各有十家,不要说嘉定镇、南翔镇比不了,其繁华程度要直逼七里山塘了,可能吗? 这就促使笔者不得不去搜寻更多的资料,希望能劝止那些要拿"食娄塘"去申遗的专家学者们。

《嘉定县志》中为何不见具体记录娄塘、黄渡这些地方上的饮食文化? 道理其实非常简单——根本不存在或根本不值得记录。嘉定广大农村地区在饮食传统上不是吃得好与吃得不好的问题,而是有的吃和没的吃的问题。据县志记载,民国年间,全县有50%左右的农户过着糠菜半年粮的生活。笔者最近从一位老嘉定人那里问来"食娄塘"那首民谣流传最广的民间版本,实在是颠覆性的。本来不想写进书里,但考虑到若笔者不予以记录,大家会认为"食娄塘"真的在历史上存在过。在嘉定曾经广为流传的民谣是这样的:"今罗店,明南翔;叫化嘉定贼娄塘,乌龟出在徐家行;澄桥朝北一望,乌龟叠满一床。"

用嘉定话或上海话诵唱有助于理解。这里笔者简单解释一下,"叫化嘉定"和"教化嘉定"有着截然相反的意思,前者指叫花子(乞丐),今天去罗店要饭,明天去南翔要饭;"贼娄塘"和"食娄塘",若以嘉定话、上海话来表达,两者发音完全相同;"乌龟"和"武举",若以嘉定话、上海话来表达,两者发音也完全相同;澄桥位于嘉定镇东门外,北靠徐行。

1987年,嘉定地方史专家陶继明,写了《嘉定地名谣辩正》一文,将"今罗店,明南翔;叫化嘉定贼娄塘,乌龟出在徐家行"修改为"金罗店,银南翔,教化嘉定食娄塘,武举出在徐家行"。该文一经发表,犹如石破天惊,大大提升了嘉定的城市形象。2003 年 3 月，国家科技部审核，陶继明先生这个关于"叫化""贼"和"乌龟"的研究项目作为"软科学成果"，批准为"国内首创"。① 陶先生是出于对家乡的热爱，而去考辨修正这首在嘉定已传唱数百年的民谣的，本无可厚非，大家也乐见其成。但要拿着陶先生用心良苦的软科学成果——"食娄塘"去申遗，就未免有些过了。

嘉定历来崇文重教，有大量历史事实佐证，称"教化嘉定"当之无愧，传统地名谣中的"叫化嘉定"是对嘉定镇的歪曲污蔑，陶继明先生将"叫化嘉定"改为"教化嘉定"可谓实至名归。

"食娄塘"或"十娄塘"却名不符实，传统民谣中的"贼娄塘"并非空穴来风，史料记载，清末民初娄塘地区居住着大量往来娄塘河和长江口打劫货船的贼人。"娄塘在嘉定北面十里左右，东面和宝山地区接壤，过河就是浏河，浏河是直通长江的一条大河。娄塘经济落后，缺商又缺粮，又是官府不太管得到的地方。因此娄塘是强盗、贼寇的出没之地，当地民间有句谚语：金罗店，银南翔，铜真如，铁大场，教化嘉定，贼娄塘。"②这虽是小说家言，也是有所依据的。

至于"乌龟出在徐家行"，笔者也不完全同意陶先生所认为的"毫无来由"，因为历史上徐行镇上的人从来就没有中过武举人，只中过三次武秀才。不过，笔者在这里必须为徐行正名，徐家行的"乌龟"很可能来自"拷贝"走样的误会。据传明朝永乐年间，徐行镇劳动村有一户李姓人家，家里很穷。家中独子每天上茅坑时，总有一只野鸡对着他叫。有一天，他实在忍不住了，对着野鸡一脚踢过去。野鸡飞走了，但脚下竟被他踢出一堆钱。周围人听说他跟野鸡有缘，就叫他李野鸡。上学以后，先生替他把"野鸡"两字改成雅基。后来李雅基做了大官，告老还乡后，在家乡建起大宅，并在村宅周边打上石磡驳。因进出要骑马，就设置了上马石、下马石。这就是后来的李家宅。③

① 参见刘静娴《让"教化精神"成为嘉定文化灵魂》，《嘉定报》2018 年 7 月 17 日。
② 参见可燃上海《黄梅天 第十章 遭受劫难》，https://www.jianshu.com/p/ff87e796d0f7.
③ 参见闵慧翀、秦忠良《嘉定这些村宅名背后的历史与故事》，https://m.thepaper.cn/baijiahao_20720060.

然而,在上海俚语中,"野鸡"背后的引申意涵有"乌龟"之喻,所以无事生非之辈便引申出"乌龟出在徐家行"……

娄塘最值得称道的是 2019 年初修复的镇内弹硌路,修旧如旧的弹硌路延续着城市历史文脉和江南古镇的生活记忆。弹硌路而非食文化才是娄塘古镇目前的最大特色,也是上海保留最完好的弹硌路群。1950 年代,全上海约有 4000 条弹硌路、弹硌弄堂,后来随着城市发展,弹硌路逐渐被水泥路、柏油沥青路替代。娄塘因为从未被商业开发,虽然免不了街道狭窄、房屋陈旧,似乎被时光抛弃,但弹硌路依旧,是上海人在吃饱饭的前提下"忆苦思甜"的好地方。①

娄塘古镇弹硌路(中大街)一瞥(唐珏摄)

笔者认为,娄塘其实就是嘉定北部地区一个曾经相对富庶却又复归贫穷落后的农村小镇而已,既非"贼娄塘",亦非"食娄塘"。近百年来经受工贸衰落和剧烈动荡的娄塘与其他嘉定各镇比较并无食文化方面的优势,在史料中也未记载下其任何饮食文化的遗存。为了抹去一个"贼娄塘"的恶名,而弄出一个"食娄塘"的传说,或许有点矫枉过正了吧?

嘉定地处长三角腹地,雨量充沛,光照充足,气温适中,有利于各类农作物的生长,特产有嘉定白蒜、嘉定白蚕豆、食用菌、葡萄、草莓。嘉定的家畜

① 参见 Shirley 雪梨酱《上海"最委屈"古镇》,https://www.sohu.com/a/418599492_99917329.

主要有猪、牛、羊、鹅、鸭、鸡。鱼类水产品有鲟鱼、鳇鱼、石首、鲳鱼、河豚、鲥鱼、海蜇等海产品，还有鳜鱼、鲈鱼、鲫鱼、鳗鱼、蚌、蚬、螺、虾、蟹等淡水产品。嘉定人喜竹，农户多有竹圃，护居竹为嘉定独有。护居竹所出之笋为一绝，"肥逾土菌，鲜过湖莼，嫩非韭比，白不瓠伦，挹其香味，别有其芬"（清汪价语）。嘉定出产的山药与众不同，形扁、质细、色白、无滓，酥美无筋，故名"无筋山药"……嘉定如此多的农产品，是不可能不被人看重，并开发为社会性饮食文化的。①

社会性饮食文化并非一定是通过市镇饭馆创制的，属于"嘉定之味"的美食很多来自某一地的嘉定农民、嘉定市民、嘉定文人的发明，并在整个嘉定地区甚至更广泛的地区广为流传。流传的路径，有从城镇流向农村的，也有从农村流向城镇的，更有从嘉定流向上海市中心的。

① 参见陈兆熊、徐凯、顾佳兰《土肥水美，江海馈赠　五谷丰盈，物产丰饶》，《嘉定报》2017 年 10 月 31 日。

一、贺年羹

正月十五吃贺年羹的习俗,只有嘉定才有,将春节期间剩下的糕点菜肴做成一锅大杂烩,宾主分享。"贺年羹"俗称"糊腻羹"。旧时,不论贫富,每年的正月十五半夜里每家每户到时总要烧上一大锅"贺年羹",或全家人撑开肚皮吃个底朝天,或大部分留存作为小吃点心,早晚食之。

贺年羹的通常制法是:在大米粥中杂拌塌棵菜或者青菜、切面、小团子、外加红枣、白果(银杏)、菱肉、豆腐干、油条块、黄豆等物,也有掺入馄饨的,稍为讲究的还要添些火腿屑或腊肉屑其味更佳。一般是把春节所剩的各种菜脚或原料掺在其中,混烧一锅后用米粉勾芡,所以这元宵之羹俗称"糊腻羹"。糊腻就是黏糊的意思。

贺年羹

看这砂锅里的圆子、青菜、红枣、油豆腐条,白的、绿的、红的、黄的,色彩极为丰富。圆子代表团圆,馄饨像金元宝代表有财,枣寓意红红火火,油豆腐条代表顺顺利利。

探其来历,据说始于明万历年间。当年"嘉定四先生"之一的唐时升隐居于嘉定西城隅古典弄内。某年正月十五,他的忘年交小友李流芳自南翔前来拜年。唐时升对李流芳亦师亦友。唐家并不富裕,到了这天碗橱里已没有几样完整像样的菜肴。傍晚时分,正当唐夫人为凑不齐一桌完整的饭菜而发愁,唐先生却说:"他整天沉醉于书画中,喝的都是墨汁,我们家随便拿点什么东西出来给他吃都可以的,你就看着做点吧。"于是,唐夫人灵机一动,做了一些肉圆子,又挑了点荠菜洗干净后,连同吃剩的一些年货像老菱、油豆腐条子、笋片、荸荠、咸肉、黄豆等统统放入锅内煮熟,然后用米粉勾芡后出锅。

李流芳家道殷实,平日里锦衣玉食,但吃到唐夫人这一锅荤素什锦合并的羹,竟觉得风味别具,赞不绝口,便问师母:"此系何物?"唐夫人笑答:"这叫贺年羹"。此事传开,西门各家竞相仿效。随着年代的延续,流传的范围也随之广泛。到现在,很多嘉定人家仍沿袭了这种习俗。①

---

① 参见《元宵节的习俗与元宵的由来》,https://www. meishichina. com/Eat/Culture/201811/15619. html。按:该文说,明嘉靖年间(1522—1565)唐时升(1551—1636)的学生顾鼎臣(1473—1540)来拜访老师之日,唐夫人做了这道羹。看二人生卒年月与历史年表,就知其错得离谱。因此,笔者改为"万历年间(1573—1620),李流芳(1575—1629)",主角不变,虽也系杜撰,但应该较为靠谱些。

二、三鲜豌豆

春天谷雨前后,是每年新鲜豌豆上市的季节,此时的豌豆最鲜嫩清甜,没有哪个土生土长的嘉定人舍得错过。

豌豆又被叫作青豆、荷兰豆,还被称为小寒豆、淮豆、麻豆等等,它属长日性冷季的豆类,是一种非常重要的粮食和一种蔬菜作物,具有很高的食用

三鲜豌豆

价值。豌豆是一种长日照的植物,喜欢在湿润气候下生长,较耐寒,不耐热,幼苗可以耐5摄氏度的低温。豌豆适合在排水良好的沙壤上种植,适宜生长在土质疏松且含有丰富的机质中性土壤,土壤酸度过低的时候豌豆容易生病害。豌豆根系深,稍微耐旱而不耐湿,播种期间或幼苗时,如果排水不当的话很容易导致烂根现象。历史上,嘉定的土地大多数"沙瘠不宜于禾",即不适合种植稻子,但却非常适合种植豌豆。

豌豆从发芽到成熟,每个阶段都可做成不同的美食。先是发芽长成豌豆苗,可以做上汤豌豆苗品尝其鲜嫩;当豌豆苗渐渐长大,攀上枝丫,可以采摘脆嫩的茎叶,做一道蒜蓉豌豆尖,或涮火锅吃;当豌豆开花结果,豌豆荚也是一道美味的菜,荷兰豆其实就是一种荚用豌豆;再等一段时间,就可以收获青豌豆和完全成熟的黄色豌豆,青豌豆可以炒菜、炒饭、做豌豆泥,吃法非常多,而成熟的黄色豌豆可以用来做糕点或晒干磨成粉等。

青豌豆又嫩又香,美味可口,鲜食及炒食都可以,不仅可以和各种蔬菜、肉类搭配烹饪,还可以加入炒饭、汤粥里,既丰富了营养,又起到点缀的作用,使菜肴看起来更能激发食欲。

"三鲜豌豆"是普通嘉定人的一道家常菜。将新鲜豌豆与冬笋、西红柿、蘑菇共同炒制而成。制法是:豌豆洗净,沥干水分;冬笋、蘑菇洗净切丁;西红柿用开水烫去皮,切丁;锅置火上,放油烧至五成热;爆香葱段、姜片,加入汤烧开,放入豌豆、冬笋丁、蘑菇丁、西红柿丁烧开,加盐烧熟淋上香油即成。

三、山药炒香菇

嘉定出产的山药与众不同,形扁、质细、色白、无滓,酥美无筋,故名"无筋山药"。其特点为:"种糯不粳,味浓不淡,皮上无毛,肉内无筋,细嫩如肪,入锅即烂。"(清汪价语)

山药算素味食材中的"百搭",煎、炒、烧、煨、蒸,不管什么烹制方法,都能把山药做得美味香甜。香菇"肌理玉洁,芳香韵味",营养丰富,风味独特,素有"诸菌之冠,蔬菜之魁"美称。是我国传统的"山珍"之一。山药与香菇同炒,不仅质地爽滑,还能吸收香菇的鲜香。

山药炒香菇是嘉定人一道非常适合冬季食用的滋补家常菜。山药营养丰富,含有多种营养素,有强身健体、滋肾益精的作用。打算冬季进补的人,进补之前可以吃点山药,有利于补品的吸收。而新鲜块茎中含有的多糖蛋白成分的黏液质、消化酵素等,可预防心血管脂肪沉积,有

山药炒香菇

助于胃肠的消化吸收。把山药和香菇、肉片、时蔬一起搭配,营养丰富,健脾胃,益气血,尤其适合女性和体虚者食用。

四、大蛋饺

1980 年代前,上海人居家年夜饭的最后一道菜一般是一砂锅"火热达达滚"的黄芽菜蛋饺肉圆线粉汤。因为蛋饺金黄颜色,弯弯的月牙形,像只元宝,招财进宝的好口彩,想发财无论啥年代都是普通老百姓共同的愿望。①

嘉定人过年也爱吃蛋饺。不过嘉定蛋饺的个头要比一般烧汤的蛋饺大上几倍,而且是和黄芽菜一起红烧的,鲜美至极。

大蛋饺

---

① 参见《上海年味——黄芽菜蛋饺肉圆线粉汤》,http://ish. xinmin. cn/xnfm/ldz/2014/02/10/23460895. html.

做大蛋饺不用一般的铁勺,而是用锅。锅子烧热后倒点油,然后开始摊蛋皮(一般一张蛋皮需要 2 个鸡蛋)。为了防止粘锅,蛋皮做出来有型,蛋要充分打匀,摊的时候不要着急,等其稍稍成型后再翻动。蛋皮摊好后,放入肉馅(肉馅事先用盐、料酒、香葱拌好),肉馅一般放在蛋皮的下半部分,然后包上另一半的蛋皮。再用筷子在蛋皮边上压一下,这样可以包得更严实些。做好蛋饺后,把其放入锅中,倒上酱油、盐和淹没蛋饺的水,再放上切块的黄芽菜,煮十来分钟即可。煮的时候要把黄芽菜翻到下面去,吸足鲜汁,才更美味。

五、兰花纽头

笔者判断"兰花纽头"是一道问世并不太久的真正由嘉定厨师开发的嘉定菜。以前有个好菜,比如吴家馆的生炒银爪甲鱼,一定要扯上乾隆皇帝;十年前有个好菜,一定要扯上"食娄塘";而现在有个好菜,某些专家学者会把乾隆皇帝、"食娄塘"一起扯上,感觉有点儿强作解人的味道。

关于"兰花纽头"的传说一是:乾隆皇帝下江南游春,看到农家的新鲜蔬菜,还有鱼肉荤腥,竟有意在此用膳。当农妇端出一碗"竹笋嵌肉"时,乾隆夹起就是一口,顿觉鲜嫩可口,问这是什么菜。农妇随口答"竹笋嵌肉"。乾隆看这菜犹如含苞欲放的兰花,又像农妇衣服上的纽扣,赐名"兰花纽头"。①

兰花纽头(上海国际汽车城旅游发展有限公司提供)

---

① 参见王蔚《"嘉定一桌菜"申遗背后的舌尖故事》,《新民晚报》2021年3月22日。

　　要知道，乾隆皇帝下江南虽然途经苏州、昆山，但绝对不会到嘉定巡视或游玩。乾隆皇帝性格好大喜功，崇尚浮华。乾隆如果南巡路过嘉定，必定要对百年之前的"嘉定三屠"有个交代，必定要为满人做一番笼络当地士民人心的工作。乾隆皇帝不比康熙皇帝，他下江南主要是来找乐子的，又不是来自找没趣的。扬州不仅是"淮左名都"，而且是运河交通必经之地。嘉定有何必要呢？另外，乾隆贵为一尊，又不是叫花子，有可能对着农妇做的菜"夹起就是一口"吗？

　　关于"兰花纽头"的传说二是："以往娄塘有一道时令特色菜肴——兰花纽头。在二十世纪三四十年代之前，人们生活水平普遍比较低，一般人家饭桌上平时少见荤腥，提起'兰花纽头'，这一娄塘特有的名菜，相信当地的老人们都是留有美好的记忆。"主张此一传说的学者，引康熙《嘉定县志》记载："燕竹其笋特早，以燕来时生故名，独出嘉定。"言当时的娄塘人家宅前宅后，只要有隙地，几乎都有竹丛竹园，竹子的品种，主要为燕竹、护居竹或称"匍鸡竹"及"慈孝竹"。并称娄塘老镇的饭馆中，偶尔可得此味，不过菜单上写的却是"竹笋扣肉"。

　　所谓"兰花纽头"，主料是上好的鲜笋，配以猪肉（剁成肉糜）和香菇。选取以大拇指粗细的鲜笋8—10枝，剥去壳，去根，只留6—8厘米长的嫩尖，尖端约四分之三的部分用刀劈成四瓣待用。发好香菇，取一片最完整的放在大碗碗底，其余的散片与切下的笋下半部剁成细末拌入肉糜中。并加入黄酒、盐、少许葱、姜、白糖等调料，以适口为度。隔水蒸熟。上桌食用时趁热把大碗中的这道菜肴扣到另一只盆或碗中，端出来时冬笋嵌着新肉糜，如同兰花的蓓蕾。娄塘方言称花的蓓蕾为"花纽头"，菜名由此而来。一碗十来个"花纽头"，簇拥着一朵大香菇，造型妙不可言。①

　　对照"兰花纽头"的传说一，读者诸君不难发现乾隆皇帝好像是会讲娄塘方言的。

① 以上两段参见陈兆熊《"兰花纽头"——几乎被遗忘的地方时令菜》，https://tieba.baidu.com/p/1196596669。

造型越妙,就越不符合娄塘的本真文化,1950 年代前的娄塘街面上从来就没出现过大饭馆。公私合营后,娄塘镇虽然类似城厢镇(嘉定镇)、南翔镇建立了"大一统"的"娄塘饭店",但紧接着就是"三年自然灾害"和"十年动乱",国营饭店有可能"铺张浪费"研发精致菜肴吗? 由此推测,"兰花纽头"多半是一款由当代嘉定厨师创造出来贴上"娄塘"标签的菜肴,以积极配合有关部门倡导的"食娄塘"的文化经营战略。

六、鱼头滚粉皮

鳙鱼,和鲢鱼的外形体态有些相似。体色暗黑者为鳙,体色银白者为鲢。故而人们亦称鳙为花鲢,鲢为白鲢。但花鲢一名似乎太过文雅,俗呼"胖头",更为亲民。

鳙鱼肉质松散,泥土气重,鲜味差,因此早年在饭店的菜单上,基本看不到以其为原料的菜肴。但它恰恰长了一个占体长三分之一、富含胶质的大头,堪称全身精华所在,用来炖汤,极为清纯鲜甜。

在民间,"青鱼尾巴鲢鱼头"是一句流传已久的谚语。说的是青鱼最鲜美的部位是尾巴,而花鲢最肥腴之处为鱼头。其实,即便放眼全国,许多被列入名菜行列的鳙鱼佳肴,也多以鱼头为主料。如淮扬菜之"拆烩鲢鱼头"、川菜之"豆瓣鱼头"、湘菜之"剁椒鱼头"、徽菜之"状元鱼头"等,花样繁多,

鱼头滚粉皮

不一而足,让人大快朵颐。

鳙鱼一年四季均有出产,尤觉严冬,滋味最美。到菜场购买,整只可请鱼贩先将鱼头剖开(亦有单买半只的),拎回家中洗净,起个油锅,爆香葱姜,再下鱼头两面煎黄。之后,将鱼头捞起移到砂锅中,倒入清水,开煮。待锅中水开,加料酒,大汤大火任鱼头在锅里沸腾。俟汤色浓白,再转微火慢炖至鱼头骨酥肉烂,汤水浓白如乳,鱼之鲜美全都融入了汤里,即可调味出锅。

鳙鱼头,乍看很霸气,实则一副侠骨柔肠,跟谁走江湖都能结成好友。而要说到相互间最合脾性的,还是粉皮与豆腐,那种鲜美滋味,想起就觉得妙不可言。试想,在北风乍起的夜晚,一家人围着一个热气沸腾、香气四溢的鱼头砂锅,喝口鲜汤、吃口滑软的粉皮,再慢慢地拆食鱼头。这般慢慢啃慢慢嗫,暖身暖心地吃上一两个钟头。夜晚的风寒,便悄然退去了。①

鱼头滚粉皮在嘉定的城镇和农村都是一道家常菜,通常有红汤(加酱油)和白汤(放盐)两种烧法。粉皮必须是绿豆做的,煮的时间不能过长。农村的吃法大都会撒上大蒜叶,以增加香味。

---

① 本文参见钟穗《鳙之美在头》,《嘉定报》2021 年 11 月 9 日。

七、腌笃鲜

腌笃鲜虽然被有些人称为本帮菜的经典,实际上它却是起源于皖南徽州地区的传统名菜。此菜口味咸鲜,汤白汁浓,肉质酥肥,笋清香脆嫩,鲜味浓厚。江南各地根据地方文化和口味做法有不同的差别,食材上各有增减,但基本包含春笋、猪肉(包含各种部位)、腊肉、火腿、百叶结、莴笋等食材。

主要是笋和鲜、咸肉一起煮的汤。"腌",就是指腌制过的咸肉;"鲜",就是新鲜的肉类(鸡、蹄髈、排骨等);"笃",就是用小火慢炖的意思。

腌笃鲜

嘉定人常用的腌笃鲜材料是腌肉、猪肋排、燕笋和莴笋。猪肋排选用嘉定特有的梅山猪小肋排,炖出来粉粉嫩嫩很好看,入味透,肉香也更浓郁。

出锅前,还要锦上添花加入打卷缠裹的百叶结,让它既避免在汤汁中炖烂而影响汤的口感,又能充分吸收汤汁表面的油,色感看起来更加清澈,衬托出鲜笋的嫩黄和肉的淡粉。不过,真正让整道菜充满春天气息的,全在于它的灵魂食材——嘉定燕笋。

嘉定地处长三角地区,气候温润,最宜竹子生长。小城镇化建设全面推进之前的嘉定乡下,很多人家屋后都有一片竹林。嘉定的竹子有七八种,但常见的有四五种,以燕竹、孵鸡竹、篾竹居多。竹笋能食用的也就是它们三种,而且以燕笋为最好,孵鸡、篾竹次之。

竹笋长得也特别快,一场春雨过后,一昼夜可长十几厘米。竹笋的出土顺序也有规律,燕笋最早,燕子归来,它就出土了。燕笋的名字也由此而来。燕笋的壳也最好看,以浅青为底色,缀以咖啡黑斑点,头上顶着一撮细片,早上那细片上噙满点点露珠。燕笋口感最嫩,味道最鲜,还有一股甜津津的滋味,不像别的竹笋,总有一丝说不清的苦味。①

冬春之交,腻烦了整个冬日甘肥味厚的油腻,一碗颜色清新、鲜香醇厚、主料换成嘉定特产的腌笃鲜,成了每年这个季节嘉定人家都会复制的鲜甜味道。一年一季的食材总是格外被珍惜,城镇与乡间的时间又比较充足,嘉定人总会任大砂锅在灶上咕嘟两三个小时,让鲜笋和猪肉融合的香味充斥房间的里里外外。

---

① 参见陆慕祥《燕子来时春笋鲜》,《嘉定报》2019 年 5 月 21 日。

八、糟钵头

在古代,糟渍食品在江南地区最为流行,是地方官年年贺岁的必贡品。为什么江南地区流行糟渍?一个原因是江南地区从前盛产黄酒,黄酒是纯粮食酒,酒糟量大,风味尤佳。

糟货的历史悠久,最早可追溯至先秦,南宋以后吃糟之风大兴,到元、明、清时,除市面上供应的糟制品外,已发展到家庭自制。糟货的品种堪称丰富。荤的有糟鹅、糟鸡、糟鸭、糟肉、糟鱼,素的有糟毛豆、糟茭白、糟豆芽、糟烤麸等。只要可以接受,几乎什么都可以拿来糟一下,有人曾说"入口之物,皆可糟之"。

糟有生糟、熟糟之分。生糟,就是将生的食材直接埋入酒糟之中,吃的时候将生糟洗净,蒸熟食用;熟糟则是将熟食放入糟卤之中腌浸后直接食用。如今各大饭店夏季供应的糟货大多为熟糟。

糟货要想做得好吃,除食材新鲜、烧煮得当外,糟卤的品质至关重要。糟卤是指在陈糟中提取香气浓郁的糟汁,再放入各色香料调和而成的卤汁。好的糟卤,甘鲜清冽,鲜咸之外更兼陈酿酒糟的独特香味。"糟"味的美妙之处,就在于它的似是而非上:有点像咸肉,却没有那么咸;似乎有酒味,却没酒那般冲。夏日里嫌油腻的大荤大肉,只要在糟卤里一浸,油脂尽消,入口满是浓香,收口还有舌根生津的美妙,同时还形成了一种较之鲜食更加醇厚的滋味,让人如痴如醉。

由于早年时,成品糟卤不易买到,使得不少嘉定人家的主妇,都学得了一手制作糟卤的绝技。自制糟卤,需先将酒糟捏成细末,加黄酒调打成糊,静置一两天,让糟香充分溶解在酒中。卤汁一般用水,也可用鸡架加猪骨吊出来的清汤,加上盐、花椒、茴香、冰糖屑和桂花等近十种配料煮成,和黄酒糟调兑后,用纱布吊起过滤掉糟渣,就能得到金黄妖娆的糟卤。糟类菜

品有生糟与熟糟之分,个中食材又有荤素之别。清袁枚《随园食单》里记载的糟肉、糟鱼,便是生糟,食用前还需蒸煮一下;熟糟就是先将食材熟制冷却后浸泡在糟卤里,入味后直接食用,如糟鸡、糟毛豆,但都属于冷盘的范畴。①

　　嘉定主妇除了自制糟卤外,还率先研发出一道上海本帮菜的经典菜肴——糟钵头。"糟钵头"属于炖菜。钵头是一种腹大口小的陶制食器,最早的做法是将改刀后的猪内脏和下脚料入钵加佐料、高汤(白汤)、糟卤一锅炖煮。这道农家粗菜何时由何人带入上海中心城区已不可考,但坊间一直流传着糟钵头源于嘉定的说法。到民国初年,上海的几家本帮菜馆将这道菜式推陈出新。其一是食材要分别处理和熟制:如猪耳要用小刀细刮,猪脑要用清水慢漂,猪肚要用面粉搓洗,猪肝要用卤水单煮,猪脚要用钳子夹剔等,再一一熟制;其二是糟卤的制取:选用"为糟而制酒"的酒糟。据掌故家考证,这种酒糟并非出自大酒厂,而是源于传统小作坊,酿造的精华不在酒

糟钵头

---

① 以上参见钟穗《糟货》,《嘉定报》2022 年 7 月 20 日。

而在糟。再用这种酒糟兑上花雕酒,加入陈皮、葱结、姜片,略饧一个晚上,然后吊在布袋里反复过滤,这样吊出来的糟卤质清味醇、糟香浓郁;其三是后期制作:将处理、熟制过的食材改刀成条块,入砂锅,加高汤、糟卤、料酒、葱姜,大火烧开,文火慢炖,约略半个钟点,待食材酥烂,再加入笋片、火腿片、香菇、油豆腐及细盐,继续炖煮 10 分钟,起锅前加入熟猪油、糟卤及青蒜叶。①

做好糟钵头的关键是要有好的糟卤。现在已无传统酱园的糟卤和糟油,而饭店通常使用的市售糟卤,味道欠佳,缺少特色。嘉定农家均使用自制酒糟按比例兑入优质花雕酒,并加适量老陈皮和葱段、姜片,充分搅和拌匀成糟泥,然后用多层纱布包住糟泥过滤出酒糟。头道糟卤颜色稍浑浊,但味道浓香,可供汤菜糟钵头使用。若用多层纱布再过滤一次,取得的糟卤清澈见底,味浓而纯正,可供其他糟类菜使用。

---

① 　参见樊剑勇《糟钵头与腌笃鲜》,https://www.jianshu.com/p/15f4469e9fdb.

九、籴糟鱼

籴糟鱼这道菜几乎所有的嘉定农家都会做。以前农村摆婚宴,吃三天的流水席,当日的正席一定是菠菜鱼圆汤,鱼头、鱼尾就会做成籴糟鱼(当然也有整条的)作为前一日或者当日非正席的压轴了。

籴糟鱼

氽是把食物放在煮沸的水里稍微煮一下的意思。氽糟鱼的原料以青鱼为好(鲫鱼也不少),白鱼肉薄苗条,入汤易碎易化,是不宜氽烫的;反之,青鱼肉厚且结实,氽烫最宜。无论是宴席还是家常都可以做这道菜。将青鱼切块切片浸入糟油内一小时左右,以清汤煮炖即成。炎炎夏日,一碗氽糟鱼,糟香四溢,鱼鲜可口,令人胃口大开。若是冬季,嘉定人往往会加一个暖锅,除了蛋饺肉圆领衔外,糟鱼也算是主角。暖锅里投了糟鱼,这汤水立即活色生香。糟鱼肉厚且结实,氽烫之后,在汤里显得颜色鲜嫩,白中泛黄,鳞光闪亮,骨酥肉烂,咸中有甜,清秀宜人。还有人把生的糟鱼切成薄而大的鱼片,由食客自行氽烫,这样烫出来的糟鱼肉质细嫩无比,且糟香扑鼻。① 在嘉定,传统年夜饭的"压轴戏"一般都少不了氽糟鱼的"登场",寓意"年年有余",讨个好彩头。

早年嘉定人用的糟油是西门黄晖吉酱园酿制的五香糟油。五香糟油是一种别有风味的调料,具有除腥提味、解腻开胃、增进食欲的功效。它以糯米、植物香辛料为主要原料,经长达一年时间酿制而成,越陈越香。由于酿制工艺独特、要求高、时间长、产量低,因而黄晖吉酱园的五香糟油尤为金贵,是近百年前是西门地区嘉定人制作氽糟鱼的不二之选。据说,五香糟油以 10 种以上的中草药合成,包括丁香、官桂、甘草、陈皮、香菇、花椒、大小茴香、玉竹、蕈屑、白芷、神曲等。

---

① 参见《寒风凛冽正是糟鱼上桌时》,http://www. ourjiangsu. com/a/20180208/1517983113952. shtml.

十、酒酿糟肉

改革开放之前,吃、穿、用样样都要凭票供应。农村老百姓吃肉靠每年饲养肉猪后卖给食品公司屠宰场,然后按规定返回一定量的肉票,再凭票到副食品店去购买猪肉。由于猪肉供应量较少,一年到头,农民家反而难得吃到几次猪肉。

酒酿糟肉

　　当时尽管物资匮乏,但每年春节,或多或少都会在餐桌上置办一碗以猪肉为主料的荤菜。为了年夜饭,人们都尽量把肉票留着,但肉票有使用期限,加上那时也没有冰箱,嘉定人就发明出在入冬前腌制酒酿糟肉,放到春节里食用。

　　先要做酒酿。到杂货店买一包酒药,并根据药量用适量糯米煮成饭,然后等温度降到适合时把酒药投入米饭拌匀,放入瓷锅或缸盆里,再用稻草编织的饭窝保温。过了四五天,酒酿做成了,就把肥瘦相间的猪肉洗净切成小块,调味后倒入酒酿中腌制七至十天,即成酒酿糟肉。酒酿糟肉不仅吃起来有酒香甜味,还能保存比较长的时间。①

　　酒酿糟肉不仅在特殊年代是一道高档菜,即使到了现在也还是很受嘉定人的喜爱。鲜肉经盐和酒酿腌渍后,肉中的蛋白质已全部凝结,咸味也渗透其中。酒酿既增添酒香味又有甜味调和,减轻了肉中的咸味。蒸熟的猪肉,皮色油亮软糯有咬劲;膘色洁白晶莹剔透,肥而不腻;精肉艳红如火,越嚼越香。

---

　　①　以上参见顾纪荣《酒酿糟肉》,《嘉定报》2018 年 2 月 27 日。

十一、塘鳢鱼炖蛋

　　四季更替,不时不食,鲜美的春季不可辜负。"江南春日第一鲜"当属塘鳢鱼,时鲜季没它不行,嘉定人的春天是用塘鳢鱼打开味蕾的。

　　旧时嘉定,塘鳢鱼分布很广、易于捕捉。每年油菜花开季节,是塘鳢鱼排卵繁殖的时候,此时的塘鳢鱼,最为肥美。城镇许多中、小饭店都有塘鳢鱼供应,论条卖,很受欢迎。另有用昂刺鱼来代替的,味道接近,只是昂刺鱼头大、刺硬、身子小,感觉上肉少了点。原本普通人家在清明时分,举家围着一大盆塘鳢鱼炖豆腐,吃得不亦乐乎的寻常景象,现在却变成花大价钱的享受,令人唏嘘。从春分到谷雨,是钓塘鳢鱼的好时节。钓塘鳢鱼的鱼钩,是很一般的鱼钩,称为"土爬钩",鱼饵则是蚯蚓。下钩的地方,以有砖石、瓦砾、木头的水域为好。

沙塘鳢(KENPEI 摄,源自维基百科3.0)

以前嘉定镇上的小孩会把家里的缝衣针,放在火上烧红弯成鱼钩,穿入弦线后系在小竹竿上制作成渔具,然后用红蚯蚓做饵料,就可以到东门清镜塘的小石桥上去下钩了。运气好的话,下钩没多久塘鳢鱼就会来咬钩。有时候由于土办法制作的鱼钩没有倒刺,上了钩的塘鳢鱼还会脱钩入水。这种情况下,换了其他鱼类,早就逃之夭夭。但是脱钩后的塘鳢鱼却还会在原处转悠,并再次上钩,所以老嘉定人把塘鲤鱼叫"戆大鱼"。

塘鳢鱼炖蛋

过去还盛行过一种捕捉塘鳢鱼的特殊方法,那就是给它做一个窝——找两片瓦片对合,一只破草鞋作为托底,用稻草绳捆在一起,就成了塘鳢鱼的窝。再在草鞋底上放一些蚯蚓或者小鱼小虾等饵料,用一根长长的稻草绳系住,就可以放到桥根下"引鱼入窝"了。对塘鳢鱼来说,有吃有住,这不是理想的安乐窝吗?焉有不入之理。多做几个,多放几处,运气好的话,一

下子收获几条也不算稀奇。①

　　塘鳢鱼有多种家常做法,塘鳢鱼炖蛋就是家宴中的佼佼者。做法极为简单,将塘鳢鱼处理干净用盐和黄酒腌渍后放入蛋液中蒸熟,出笼后撒上葱花,浇上热油和酱油即成。

---

① 　参见杨培怡《用缝衣针、破草鞋捕捉野生塘鲤鱼》,http://www.jiading.gov.cn/mspd/shgj/content_711037。按:"塘鲤鱼"应为"塘鳢鱼"。塘鳢鱼科鱼类约有16属30种,为小型食用鱼类,分布于沿海及各大江河的中下游。常见的属有乌塘鳢鱼属、塘鳢鱼属、沙塘鳢鱼属、锯塘鳢鱼属、美塘鳢鱼属、鲈塘鳢鱼属等,俗名有四不像、肉趴锥、呆鱼、癞蛤蟆鱼、土才鱼、呆子鱼、土憨巴、瞎嘎子、土狗公、木奶奶、虎头鲨、虎头呆、土婆鱼、菜花鱼、土布鱼、土鲋鱼等多种称谓。

后　记

　　写作这本书的动机起源于上海市大众工业学校经济管理系主任陆秋芳老师的一番鼓励。2022 年下半年学校刚完成"嘉定特色点心制作"课程开发项目,陆老师在可能将"嘉定特色点心制作"作为劳动教育课程面向嘉定全区中小学开设时,对笔者说:"相较于嘉定传统点心,对学校烹饪专业建设有更大帮助的是嘉定传统菜。但是嘉定传统菜不像嘉定传统点心有非常明确的指向,嘉定传统点心有世人皆知的南翔小笼和徐行蒸糕,但嘉定传统菜有哪些呢? 不要说上海人不知道,现在的大多数嘉定人也不知道。作为职业教育服务于区域经济的发展是应有之义,我们烹饪专业开发'嘉定特色菜制作'之心久矣,但一直缺乏文化支持。而你王老师作为烹饪文化专家,作为老上海科技大学的文学社社长,作为曾经寓居嘉定的半个嘉定人,作为出版人,是最适合全方位记述嘉定传统烹饪文化并将其付梓的人选。"

　　这本书最初的书名是《嘉定传统菜肴》,写作是于 2022 年 9 月启动的。因为和嘉定相关,笔者首先想到的自然是老上海科技大学的两位三十年以上的笔友。一位是 1985 年、1986 年笔者在科大文学社的搭档郑可京同学,一位是 1980 年代在科大数学系读研然后留校任教、1990 年代留学回沪又在上海财大金融学院工作至退休的谢志刚教授。

　　颇感意外的是,笔者首先和郑同学发生了激烈的争论。他认为根本就不存在嘉定菜这个分支,因为从最老的吴家馆、陆家馆遗存的菜名信息上看,这些菜都是典型的本帮菜,所以嘉定菜毫无独创性。笔者辩解道,吴家馆、陆家馆等都是清末的嘉定镇菜馆,而本帮菜真正成为菜系是在 1930—40 年代,不能因为本帮菜使用了其他菜系的某个菜名,而吴家馆、陆家馆也用了这个菜名,就把嘉定菜看成是从属于本帮菜的,此乃"强盗逻辑"。郑同学却又认为，即使嘉定菜不属于本帮菜，嘉定菜也缺乏成为独立流派的证据，除非笔者能拿出类似老八样——铲刀帮——杜月笙流水席——德兴馆这样的完整证据链，否则就不要仅凭蛛丝马迹就为一个"乡下地方"去炮制什么似是而非的餐饮流派。郑同学这种"大上海"的口吻令笔者委实不痛快。不过，郑同学却倒逼笔者在编写本书时，把关注点尽量多地放在了史料证据上，并多方位寻求来自嘉定博物馆、嘉定档案馆以及大量嘉定乡贤后代的支持。

与郑同学的鞭策方式不同，谢教授给我的是肯定与勉励。谢教授出生于云南巧家，在上海嘉定读书和工作八年，在英国读博士，在美国、澳洲、日本等访学多年，是一个在口味上可以四通八达的人物，青年时代就和笔者有过美食实践的交流。一段时间每逢休息天，如果笔者恰好在嘉定，谢教授都会和我搭班，组成游猎双人组（彼时持气枪合法），骑车去城北娄塘地区的各村落去射杀麻雀，以及斑鸠、野兔之类。谢教授自幼练成极好的气枪枪法，主要负责射击，我当时运动能力比较强，主要负责捡拾。在谢教授和我的记忆中，娄塘是典型的农村村落，最明显的"原始"特征是麻雀多，而不是什么"食娄塘"，只不过后来经不起"王谢大家"的频繁猎杀，连门可罗雀也当不起了。谢教授对本书的另一大贡献，是对老上海科技大学食堂和佳露西餐社经典菜肴的记忆，比如大食堂的"清蒸大排""清蒸小鲳鱼"和佳露西餐社的"炸脑花"，不过因为篇幅关系笔者仅选取了"清蒸大排"。受郑同学的鞭策，本书所有菜肴的选取非常重视"完整证据链"，"清蒸大排"的食材取自嘉定特产梅山猪，由特产形成的经典菜肴总能被称为嘉定菜了吧？

吴家馆作为清末州桥地区最大的饭馆，在嘉定传统菜这个流派中的地位是不容置疑的，旧时嘉定镇的大小饭馆都"独宗吴门"。吴家馆的旧址现为"凤巢酒家"，而"凤巢酒家"也以百年老店自居，但笔者从其店门口竖立的菜单易拉宝上却寻不到昔日吴家馆的任何遗韵。最终还是大众工业学校的冯明校长联系到嘉定区档案馆，从一大堆史料中找出了"凤巢酒家"是由"嘉定县饮食服务公司城中合作饭店"更名而来的档案记录。众所周知，"嘉定县饮食服务公司城中合作饭店"是公私合营的产物，当初的"上海嘉定县房

地产管理所"只是把地理概念上的昔日吴家馆店铺给了"凤巢酒家"而已。由此,笔者得出了"凤巢酒家"并非百年老店的结论。

另外,本书责任编辑唐少波老师在对本书的加工过程中,在配用大量历史照片上,得到了嘉定博物馆徐征伟老师的帮助。这些历史照片极大地丰富了本书的可读性和文化价值。嘉定博物馆多年来不仅重视当地文史资料的收集与整理,而且在宣传教育上也屡屡取得丰硕成果,一如既往地承担"教化嘉定"的历史使命与社会责任,着实令读书人深感钦佩。

大众工业学校中餐烹饪专业的任课教师王峰在得知本书尚缺几幅菜品的插图不易觅到,便主动提出自己可以在授课之余,去采购嘉定本地食材,并将其制作成菜肴,拍照提供给笔者;烹制的同时可顺带让他的学生对嘉定传统菜肴有些许感官上的认识。这几款菜肴是仿吴家馆的"生炒银爪甲鱼"、仿陆家馆的"炒鳝糊"、仿科大食堂的"酱肉排"、仿佳露西餐社的"虾仁杏利蛋"、仿胜芳斋的"笋烧鱼"……

最后要鸣谢的是笔者多年来在出版界的民盟盟友贺强女士,正是她将笔者主持的一系列餐饮文化图书推荐给中西书局的。贺女士在出国前曾担任长江文艺总社上海分社社长,现任日本 Finium 株式会社代表。贺女士在日本东京曾担任人民日报海外版(文化专刊)特任编集长,也主办有日中双语杂志。她看了笔者《嘉定之味》的初稿后感到惊讶,嘉定竟有如此深厚的食文化底蕴,但感觉那些代表嘉定地方口味的老餐馆、老厂却在世事变化与城市改造中逐渐消亡殆尽,实在可惜!现在借着《嘉定之味》的出版发行,有关机构、有关团体是否可以将恢复嘉定传统菜肴做实,是否有可能在嘉定重建州桥饭店、佳露西餐社、吴家馆、陆家馆、蔡家馆……?

王克平

2023 年 4 月